高等学校安全科学与工程系列教材

安全工程实验指导教程

杨健 主编　陈伯辉 阳富强 副主编

化学工业出版社
·北京·

内容简介

《安全工程实验指导教程》是一本安全工程专业实验指导教材。本书根据安全科学与工程学科的特点、安全工程专业本科课程体系以及《工程教育专业认证标准》对安全工程专业实验的要求，并总结安全工程专业的实验教学经验编制而成。本书内容力求覆盖高校安全工程专业核心课程的主要实验项目，既满足共性需求，又不失个性特色，主要包括安全人机工程、安全检测与监控、电气安全工程、防火防爆技术、工业通风与防尘、机械与特种设备安全、职业安全健康、灾害防治与应急管理等专业课程的相关实验项目。

《安全工程实验指导教程》内容以综合性、设计研究性实验为主，验证性实验为辅，同时结合国家高等教育智慧教育平台、实验空间-国家虚拟仿真实验教学课程共享平台设置若干网络实验教学项目。

本书既可以作为高等院校安全工程类专业实验教学的选用教材，又可以作为安全科学与工程相关学科的实验参考教材，还可供建筑、机械、化工、矿业、能源、交通运输、应急管理、消防安全、生态环境等相关领域的科研人员和技术人员作为参考用书。

图书在版编目（CIP）数据

安全工程实验指导教程/杨健主编；陈伯辉，阳富强副主编.—北京：化学工业出版社，2024.1

ISBN 978-7-122-44508-7

Ⅰ.①安… Ⅱ.①杨…②陈…③阳… Ⅲ.①安全工程-实验-教材 Ⅳ.①X93-33

中国国家版本馆CIP数据核字（2023）第219521号

责任编辑：高　震　　　　装帧设计：韩　飞
责任校对：王鹏飞

出版发行：化学工业出版社
（北京市东城区青年湖南街13号　邮政编码100011）
印　　装：北京印刷集团有限责任公司
787mm×1092mm　1/16　印张11¼　字数271千字
2023年12月北京第1版第1次印刷

购书咨询：010-64518888　　售后服务：010-64518899
网　　址：http://www.cip.com.cn
凡购买本书，如有缺损质量问题，本社销售中心负责调换。

定　　价：48.00元

前言

教育是提高人民综合素质、促进人类全面发展的重要途径，是民族振兴、社会进步的重要基石，是对中华民族伟大复兴具有重要意义的事业。党的二十大报告明确指出，办好人民满意的教育。高等教育在教育体系中具有引领、先导的作用，在加快建设高质量教育体系中应走在时代前列。安全科学与工程学科是十分注重基础理论和实践教学的综合性、交叉性的学科，涉及建筑、机械、化工、矿业、能源、交通运输等行业。安全工程专业培养具有扎实理论基础，具备过硬的研究和工程实践能力，拥有浓厚家国情怀、较高人文素养和可持续发展素质以及一定国际视野，能够从事工贸、建筑、交通、石油化工、航空航天等部门的安全管理、安全培训、安全技术开发、安全科学研究等工作的德智体美劳全面发展的高素质拔尖专业人才。安全工程专业在集中性实践环节注重通过实验教学培养学生的动手能力和分析解决实际问题的能力。因此，实验教学成为高素质专业人才培养必不可少的重要组成部分，也是保证工程教育专业认证中强调毕业生综合能力达成率的根本。

本书作为面向国内高校安全工程专业实验教学的指导教程，力求覆盖安全工程专业核心课程的主要实验项目，做到内容丰富、层次清晰、通俗易懂、覆盖面广，既满足共性需求，强调实用性和可操作性；又不失个性特色，突出内容的新颖性和专业性。特别是为了贯彻落实党的二十大报告中提出的要“提高防灾减灾救灾和重大突发公共事件处置保障能力”的精神，在本书的实验项目中设置了若干个应急救援技术的虚拟仿真实验项目，利用网络实验教学平台打破时间和空间的约束，丰富了实验教学手段，通过实验项目的学习训练，提升读者和公众的安全应急意识和自救互救能力。

本书由杨健任主编，陈伯辉、阳富强任副主编。本书分为 9 章，其中第 1 章、第 3 章、第 8 章由杨健编写，第 2 章、第 6 章、第 7 章由秦思宇编写，第 4 章、第 5 章、第 9 章由郑雨航、陈伯辉编写。由杨健、陈伯辉、郑家辉、王怀昕统稿。阳富强、施永乾参与了全书校勘，沈斐敏教授对全书进行审定。

在本书的编写过程中，编者参考了国内外相关文献和资料，还得到了福州大学环境与安全工程学院领导的指导、帮助以及福州大学教务处的资助，在此一并表示感谢。

由于本书内容交叉性强、涉及领域广，且编者水平有限，书中疏漏之处在所难免，恳请各位专家和广大读者批评指正。

编者

2023 年 10 月

目录

第1章

实验室安全管理

党的二十大报告指出坚持安全第一、预防为主，建立大安全大应急框架，加强重点行业、重点领域安全监管。实验室安全关乎学校师生的生命安全和身体健康，是高校一切工作的基础和前提。党中央、国务院历来高度重视实验室安全工作，作出系列重要部署。2023年2月，教育部办公厅印发了《高等学校实验室安全规范》(教科信厅函〔2023〕5号)，旨在有效防范和消除安全隐患，最大限度减少实验室安全事故，保障校园安全、师生生命安全和学校财产安全。安全管理工作是保证实验顺利进行，保障实验参与人员和财产安全的重要前提。安全工程专业实验室具有危险源多、危险性大、危害范围广的特点。很多情况下为了开展相关实验，往往需要人为地制造“事故过程”或“事故现场”，在实验过程中稍有操作或控制不当，就极易造成人员伤亡或财产损失。因此，在开展各类实验过程中，应注重并加强实验室的安全管理，根据《高等学校实验室安全规范》制定并遵循各项安全管理规章制度，基于教育部《高等学校实验室安全检查项目表》加强安全检查工作，落实隐患整改和闭环管理，采取切实可行的安全防护措施，减少甚至杜绝事故的发生。

1.1 实验室安全管理规定

实验室是指各类单位开展教学、科研工作的实验场所，包括教学实验室、科研实验室及其他各类实验室等。为加强实验室的安全管理，保障师生、员工人身与财产安全，维护教学、科研等工作的正常秩序，根据国家有关法律法规，应遵循以下规定。

① 实验室负责人是实验室安全工作的直接责任人，实验室负责人根据单位的实验室安全工作计划开展本实验室的安全管理工作，确保实验室安全措施逐级落实到位；规范一般化学品、剧毒化学品、易制毒化学品、易制爆化学品等储存和使用以及实验室废弃物的收集转运；规范各种实验室仪器及特种设备的使用；根据实验危险情况，对本实验室内工作人员和学生进行实验室教育和培训，对临时来访人员进行安全教育；保证本实验室必要安全设施的建设；对实验室安全进行每日一查，及时消除安全隐患；制止有碍安全的操作，纠正安全违章行为。

② 实验人员应树立“安全第一”的责任意识，依章守规地开展实验活动，杜绝违规操作，自觉遵守实验室安全纪律。实验室内严禁留宿、带小孩或与实验无关人员进入实验室；严禁实验过程中脱岗；严禁实验过程中不按要求穿戴个人防护装备；严禁穿拖鞋或衣冠不整进入实验室；严禁在实验室及附近区域吸烟、烹饪、饮食；严禁在实验室冰箱内存放食材；严禁私自违规购买、使用危险化学品；严禁违规丢弃（倾倒）危险废物；严禁毁损、乱标或不标危险品标签和乱摆乱放化学试剂与耗材；严禁危险实验不征得指导教师批准或私自在他人实验室操作；严禁违反实验规程野蛮操作。

③ 实验室确因需要而使用剧毒品、易制毒品、易制爆品等危险化学品以及放射性物品时，要严格按照相关规定报单位职能部门及公安部门等政府相关部门审批并凭证向具有经营许可资质的单位购买，不得私自从外单位获取。使用危险化学品、放射性物品的单位要认真贯彻国家《危险化学品安全管理条例》（国务院令［2011］第591号）、《放射性同位素与射线装置放射安全和防护条例》（国务院令［2005］第449号）和上级部门及单位的有关规定，建立严格的危险化学品和放射性物品管理制度，要建立账目，做到账物相符。对危险化学品及放射性物品使用人员要进行相应的安全培训，培训合格后方可上岗。对剧毒品、易制毒品以及放射性物品的使用及管理采取“五双制度”（双人保管、双人双锁、双人收发、双人领退、双人使用）。

④ 实验结束前整理好实验台、各种器材、工具、资料，切断电源，熄灭火源，关好门窗和水龙头，对易燃物品、纸屑等杂物，必须清扫干净，消除隐患。实验废弃物不得未经处理任意排放、丢弃，要严格按照单位和生态部门的要求分类收集、妥善储存并做好废弃物相关的台账。化学废弃物应遵循兼容相存的原则，盛装化学废弃物的容器要密闭可靠，不破碎泄漏。

⑤ 实验室要根据仪器设备的性能要求做好防火、防潮、防热、防冻、防尘、防震、防磁、防腐蚀、防辐射等技术措施。加强仪器设备操作人员的业务与安全培训，制定和严格执行仪器设备特别是高精仪器设备、高速运转设备、高温高压设备、超低温及其他特种实验设备（锅炉、压力容器、起重机械、电梯等）的操作规程，落实相应的防护措施。对有故障的仪器设备要及时检修，仪器设备的维护保养和检修等要有记录。对精密仪器、大功率仪器设备、使用强电的仪器设备要定期检查线路，采取必要的安全防范措施。对服役时间较长以及具有潜在安全隐患的仪器设备应及时报废，消除隐患。特种设备应按规定办理登记手续，通过有资质单位检定，证书在有效期内，并有定期检验维护记录。操作人员需持证上岗。

⑥ 实验室内固定电源的安装、拆除、改线必须由专业人员实施，水、电安装应符合规范。不得擅自改装、拆修电器设施，接线板不得串联使用，实验室内不得有裸露的电线头，不得乱接乱拉电线。电源开关箱周围不得堆放杂物，以免触电或燃烧。实验室大厅和走廊不得堆放报废或积压的仪器设备、实验台椅、废纸箱等杂物，不得停放自行车，切实保证大楼安全通道的畅通和环境的整洁。实验室应配备应急设施，如灭火器、灭火沙箱、防火毯、救护箱等。消防器材要放在明显和便于取用的位置，周围不得堆放杂物。实验室要严格做到“四防、五关、一查”（防火、防盗、防破坏、防灾害事故；关门、关窗、关水、关电、关气；查仪器设备）。

⑦ 实验室须根据潜在危险因素配置消防器材、烟雾报警、监控系统、应急喷淋、洗眼装置、危险气体报警、通风系统、防护罩、警戒隔离等安全设施，配备必要的防护用品，并

加强实验室安全设施的管理工作，切实做好及时更新、维护保养和检修工作，做好相关记录，确保其完好性。各种安全设施不准借用或挪用。

⑧ 实验室发生安全事故时，应立即启动应急预案，采取积极有效的应急措施，防止危害扩大蔓延，同时保护好现场，及时上报。对事故瞒报、不报的单位和个人，将追究相关人员责任。对玩忽职守，违章操作，忽视安全而造成严重安全事故的，追究肇事者、主管人员和主管领导相应责任；情节严重者，要给予纪律处分，触犯法律的交由司法机关依法处理。

1.2　实验室危险化学品安全管理办法

为了进一步加强实验室危险化学品的安全管理，预防和减少危险化学品事故，保障教学、科研的顺利进行和师生、员工的生命安全，根据《危险化学品安全管理条例》、《易制毒化学品管理条例》（国务院令［2005］第445号）、《麻醉药品和精神药品管理条例》（国务院令［2005］第442号），应遵循以下管理办法。

① 危险化学品，是指国家《危险化学品目录》里公布的具有毒害、腐蚀、爆炸、燃烧、助燃等性质，对人体、设施、环境具有危害的剧毒化学品和其他化学品。《易制毒化学品管理条例》规定的三类易制毒化学品，以及国家确定和公布的其他易制毒化学品。列入国家食品药品管理监督总局公告《麻醉药品品种目录》和《精神药品品种目录》中的药品和其他物质。

② 危险化学品安全管理，应当坚持安全第一、预防为主、综合治理的方针，强化和落实各单位的主体责任。

③ 危险化学品采购工作必须依照国务院《危险化学品安全管理条例》和《易制毒化学品管理条例》等有关规定进行。危险化学品必须向有销售资质的供应商购买，并委托有资质的运输企业运输。

④ 危险化学品应按需采购，凡需使用危险化学品的单位，应填写危险化学品申购计划，经单位主管领导审批同意后方可采购。对国家严管的剧毒、易燃易爆、放射性危险物品，应报单位保卫部门和实验室管理部门审批备案。

⑤ 危险化学品的存放应当符合安全规定，必须放在条件完备的专用仓库、专用场地或专用储存室（柜）内。根据物品的种类、性质，存放场所应采取相应的通风、防爆、泄压、防火、报警、防晒、调湿、消除静电等安全措施。危险化学品应当分类、分项存放，相互之间保持安全距离。化学性质或防火、灭火方法相互抵触的危险化学品，不得在同一储存室内存放。

⑥ 危险化学品使用单位，要建立领导审批制和安全责任制，分别建立危险化学品台账（非管制类）及剧毒品、麻醉药品和精神药品、易制毒品等管制类化学品台账，对各类化学品的购进、入库、领用、使用、回收、销毁全过程进行严格监管，及时准确做好记录。

⑦ 危险化学品使用单位要明确和细化危险化学品安全监管职责，按照“谁主管、谁负责”“谁使用、谁负责”的原则，认真落实“一岗双责”，确保危险化学品使用过程的安全。

⑧ 使用危险化学品时，应按需领取，领取量不得超过当日工作的需要量，剩余的要及时办理退回手续。如有特殊情况需要临时存放的，要选择安全可靠的地方单独存放，并指定专人负责。

⑨ 在教学实验中应尽量采用无毒物质来代替有毒物质，如确实需要有毒物质，必须由实验室专职人员负责领用、保管和分发给学生。学生实验操作时，指导教师需亲临现场指导，并对整个实验过程中的安全负责。

⑩ 危险化学品使用单位，必须经常性地对化学品进行账账、账物核对，确保化学品在整个使用周期中处于受控状态。若发现化学品丢失、被盗，应及时向单位保卫部门和相关部门报告。

⑪ 使用单位应加强对实验人员的安全教育，建立有效的事故应急处置预案，配备必要的应急救援器材、设备，并定期组织演练。一旦发生安全事故，积极采取有效的应急措施，及时处理，防止事态的扩大和蔓延，减少损失。

1.3 实验室危险废物管理办法

实验废物是指在实验室内进行的教学、科研及其他在实验室的各项活动中产生的，已失去使用价值的气态、固态、半固态及液态物质的总称，主要包括实验过程中产生的“三废”[废气、废液、固体弃物（固废）] 物质、实验用剧毒物品、精神类、麻醉类及其他药品残留物、实验动物尸体及器官组织、病原体、放射性物品，以及实验耗材、橱柜、电器、生活垃圾等各类废物。

（1）根据实验废物的主要成分、基本性质和污染程度，分类如下：

① 化学实验废物。化学废物按物理形态可分为废气、废液和废渣三种。

② 生物实验废物。主要是指实验过程中使用过或培养产生的动植物的组织、器官、尸体、微生物（细菌、真菌和病毒等)、培养基，以及吸头、离心管、注射器、培养皿等各种塑料制品等。

③ 放射性废物。指含有放射性物质或者被放射性物质污染，其放射性活度或活度浓度大于国家标准或审计部门规定的清洁解控水平，并且所引起的照射未被排除，又预期不会再利用的废物。

此外，还有电子垃圾、机械类实验室产生的粉尘等，对于这些危险、有害因素，如不加以有效控制，将严重影响人的身体健康，危害我们赖以生存的生态环境。

（2）为规范和加强实验室危险废物的安全管理，防止实验室危险废物污染校园环境，消除安全隐患，根据《中华人民共和国环境保护法》《中华人民共和国固体废物污染环境防治法》，应遵循以下管理办法。

① 任何实验室及个人不得将危险废物（含沾染危险废物的实验用具）混入生活垃圾；不得将化学危险废物、放射性废物及实验动物尸体等混合收集、存放、处理；严禁随意倾倒、堆放、丢弃实验室废物。

② 实验室废液通常分为有机废液和无机废液，废液应分类收集，使用专用废液桶盛装，废液体积不得超过废液桶体积的 3/4。废液收集时，必须进行相容性测试，不能把不同类别或会发生异常反应的废液混放。

③ 废液应当有适当的储存场所，避免高温、日晒、雨淋，不得放置于近火源处及实验楼楼道内，最好放置于通风良好的环境中，并定期转运至单位实验室废物暂存柜。

④ 化学品包装及沾染物，包括化学品的包装材料、废弃玻璃器皿、一次性手套、滴管等，应收集在安全牢固的包装材料（如纸箱）内，标识清楚，并定期转运至单位实验室废物暂存柜。

⑤ 剧毒化学废物及易燃易爆化学废物应单独收集并妥善保管，将清单报送至实验室管理部门，审批后统一转运处理。

⑥ 废弃过期化学药品由于浓度高、危害大，必须严格按《废弃过期化学品分类表》分类打包，由实验室管理部门核查后统一转运。

⑦ 生化沾染物包括小动物尸体、细菌容器等废弃物，须先进行消毒灭菌，再用塑料袋密封，并存放于实验室的冰箱内，待处置单位来校清运时，统一转运。

⑧ 实验室进行实验活动时，必须按照国家有关规定确保大气污染防治设施的正常运行，排放废气不得违反国家及地方的有关标准或规定。

⑨ 向大气排放粉尘的实验室，必须采取除尘措施。禁止向大气排放含有毒物质的废气和粉尘；确需排放的，必须经过净化处理，实现达标排放。

⑩ 实验活动中排放含硫化合物等恶臭气体的，应当配备脱硫装置或者采取其他措施防止周围环境受到影响。

⑪ 各实验室须按规范做好废弃物台账登记及标签粘贴工作，危险废物标签应标明废物主要成分、化学名称、重量、产生单位、联系人等信息，废弃物管理台账须留存五年备查。

⑫ 废弃物转运时应轻装轻卸，防止撞击、重压和倾倒，发现包装容器不牢固、破损或渗漏时，必须重新包装或采取其他措施后方可转运。

1.4　实验室安全事故应急处置措施

1.4.1　预警及信息报告

当发生一般安全事故，事故发生单位应立即启动相应的应急预案，在积极组织自救、保护现场的同时，应立即报告所在单位负责人。单位负责人及本单位的应急处置小组成员在第一时间赶赴现场，根据事故情况进行现场处置并向单位应急领导小组报告。如经初步处置仍无法控制，要立即通知单位相关部门如保卫部门、实验室管理部门等，请求协同处置。处置事故时，注意救援人员的自我防护。事故基本控制后，及时对突发事故进行调查、评估，控制危害蔓延，事故处置情况要及时向单位汇报。

对较大及以上安全事故，接到报告后，单位应急处置领导小组应立即启动相关应急预案，负责应急工作的指挥、调度，及时、有效地进行处置，全力控制事故发展态势，防止次生、衍生事故（事件）发生。在确认事故后应立即向上级相关部门报送事故信息及已采取的控制措施。

1.4.2　常见安全事故应急措施

（1）化学品安全事故应急处置

① 强酸、强碱及其他具有强烈刺激性和腐蚀作用的化学物质，发生化学灼伤时，应用

大量流动清水冲洗，再分别用低浓度（2%～5%）弱碱（强酸引起的）、弱酸（强碱引起的）进行中和。处置后，再依据情况进一步处置。

② 若酸（或碱）不慎溅入眼内，应立即就近用大量的清水或生理盐水冲洗。每一实验室楼层需配备紧急冲淋洗眼装置或专用洗眼水龙头。冲洗时，眼睛置于水龙头上方，水向上冲洗眼睛，冲洗时间应不少于 15min，切不可因疼痛而紧闭眼睛。处理后，再送眼科医院治疗。

③ 实验中若出现咽喉灼痛、嘴唇脱色或发绀，胃部痉挛或恶心呕吐等症状时，则可能是中毒所致。应急人员应迅速将中毒者转移到安全地带，解开领扣，使其呼吸通畅，让中毒者呼吸到新鲜空气，并尽可能了解导致中毒的物质。随后视中毒原因施以下述急救后，立即送医院治疗，不得延误。

误服毒物中毒者，须立即刺激催吐（视情况可用 0.02%～0.05%高锰酸钾溶液或 5%活性炭溶液等催吐），对催吐效果不好或昏迷者，应立即送医院用胃管洗胃。孕妇应慎用催吐救援。

重金属盐中毒者，喝牛奶可减少金属离子吸收，减轻患者中毒程度；如有条件可以喝一杯含有几克 $MgSO_4$ 的水溶液，并且立即就医。不要服催吐药，以免引起危险或使病情复杂化。砷和汞化物中毒者，必须紧急就医。

吸入刺激性气体中毒者，应立即将患者转移离开中毒现场，给予 2%～5%碳酸氢钠溶液雾化吸入、吸氧。气管痉挛者应酌情雾化吸入解痉挛药物。

经皮肤中毒者，迅速用清水冲洗，黏稠的毒物用大量肥皂水冲洗；遇水能发生反应的腐蚀性毒物如三氯化磷等，则先用干布或棉花抹去后再用水冲洗。

（2）实验室触电应急处置

① 触电急救的原则是在现场采取积极措施保护伤员生命。

② 触电急救，首先要使触电者迅速脱离电源，越快越好。触电者未脱离电源时，救护人员不准用手直接触及伤员，也不可用金属或潮湿的东西挑电线。使伤者脱离电源方法：切断电源开关；若电源开关较远，可用干燥的木棍、竹竿等挑开触电者身上的电线或带电设备；亦可用几层干燥的衣服将手包住，或者站在干燥的木板上，拉触电者的衣服，使其脱离电源。

③ 触电者脱离电源后，应观察其神志是否清醒。神志清醒者，应使其就地躺平，严密观察，暂时不要站立或走动；如神志不清，应就地仰面躺平，且确保气道通畅，并于 5s 时间间隔呼叫伤员或轻拍其肩膀，以判定伤员是否意识丧失。禁止摇动伤员头部呼叫伤员。

④ 检查触电者的呼吸和心跳情况，呼吸停止或心脏停搏时应立即实施心肺复苏的正确抢救方法（心脏按压和人工呼吸），并尽快联系医疗部门救治。

（3）火灾事故应急处置

① 实验室应按规定配备灭火器、灭火毯、沙箱、消防栓等消防器材，实验室工作人员必须定期检查消防器材的有效性并熟悉其操作规范，清楚安全通道所在位置。

② 局部起火，根据起火的原因，立即选用正确的灭火器材灭火；发生大面积火灾，实验人员应立即向消防部门报警，通知所有人员沿消防通道紧急疏散，同时向实验室负责人报告。有人员受伤时，立即向医疗部门报告，请求支援。人员撤离到预定地点后，实验教师、实验室工作人员、学生干部立即组织清点人数，对未到人员尽快确认所在位置。

③ 逃离火场时若遇浓烟，应尽量用多层湿布捂住口鼻，并放低身体或是爬行，千万不

要直立行走，以免因浓烟窒息。

④ 逃离火场时切勿使用电梯，应尽快沿着安全出口方向离开火场，并到空旷处汇合，未得到许可不得擅自返回火场。

（4）机械伤害事故应急处置

① 立即关闭机械设备，停止现场作业活动。

② 如遇到人员被机械、墙壁等设备设施卡住的情况，可直接拨打“119”，由消防救援部门来实施解救。

③ 将伤员放置平坦的地方，实施现场紧急救护。轻伤员送医务室治疗处理后再送医院检查；如有重伤员和危重伤员，应立即拨打“120”急救电话送医院抢救。若出现断肢、断指等，应立即用冰块等封存，与伤者一起送至医院。

④ 查看周边其他设施，防止因机械破坏造成漏电、高空坠物、爆炸现象，防止事故进一步蔓延。

（5）辐射安全事故应急处置

① 一旦发生辐射事故，当事人应立即通知同工作场所的工作人员撤离，并及时上报本级和上级单位有关部门，立即启动应急预案。

② 应急处置领导小组应召集专业人员，根据具体情况迅速制定事故处置方案。

③ 事故处置必须在应急处置领导小组指挥下，在有经验的工作人员和卫生防护人员的参与下进行。未取得防护检测人员的允许不得进入事故区。

④ 对可能接触放射源的人进行排查确认，确定其未接触放射源的方可离开。对可能接触放射源的，应立即送医院就医，确认情况，为其进行诊治。

（6）致病性病原微生物传播应急处置

① 接到报告后，单位应急领导小组立即组织人员对传播事故进行确认，并对传播的病原体性质及扩散范围进行充分评估。

② 立即封存致病性病原微生物标本，防止微生物扩散。

③ 对相关人员进行医学检查，对密切接触者进行医学观察并留取本底血清或相关标本。

④ 对造成污染的工作环境及污染物进行消毒。

⑤ 配合医院等有关部门开展进一步调查。

第2章

人机工程学与职业卫生

2.1 心理与认知综合实验

2.1.1 实验目的

① 加深学生对人机课程中所涉及的重要参数的理解，锻炼学生的动手能力和思考能力。

② 帮助学生把从课程中所学到的有关人机工程心理与认知方面的知识综合运用到实践中以解决更多实质性的问题。

③ 使学生在掌握基本理论知识的基础上进行实验操作，以验证课程中所学到的一些理论知识及加深理解，增加学生学习的兴趣。

2.1.2 实验设备

(1) 错觉实验仪（BD-Ⅱ-113 型），见图 2-1。

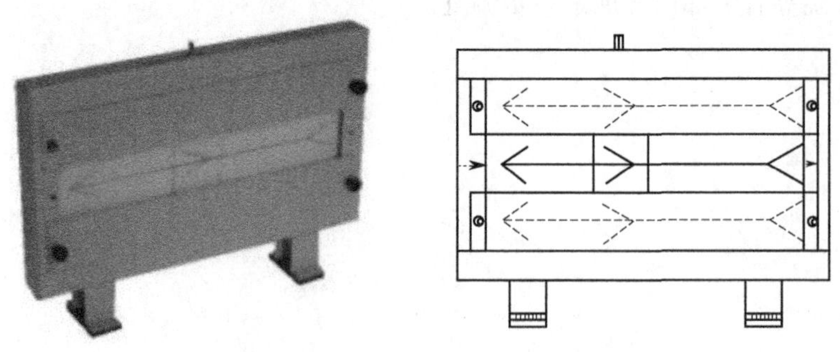

图 2-1 错觉实验仪（BD-Ⅱ-113 型）

(2) 空间知觉测试仪（BD-Ⅱ-112 型），见图 2-2。

灯光显示器：4×4 个方灯组成刺激显示，每次出现 4 个刺激灯，组成条形、块形、不规则形三种图案。每种图案有两大类，每类有 4 种图形，共组成 24 种图形（见图 2-3）。

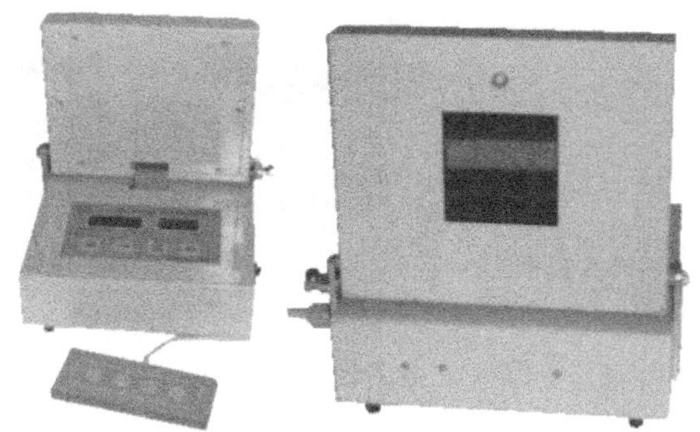

图 2-2　空间知觉测试仪（BD-Ⅱ-112 型）

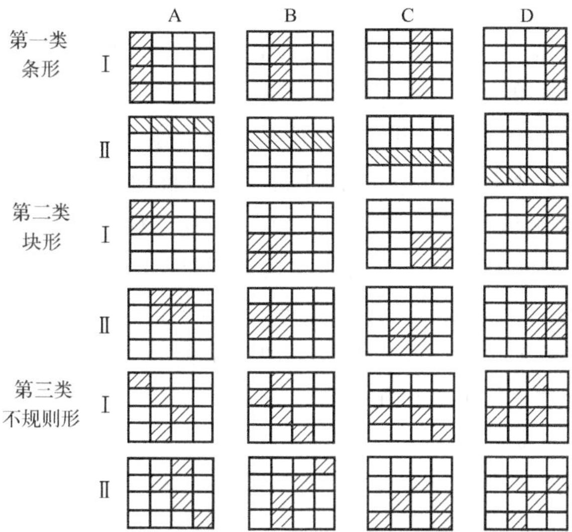

图 2-3　灯光显示器随机显示的刺激类型

（3）动作稳定器（BD-Ⅱ-304A 型），见图 2-4。

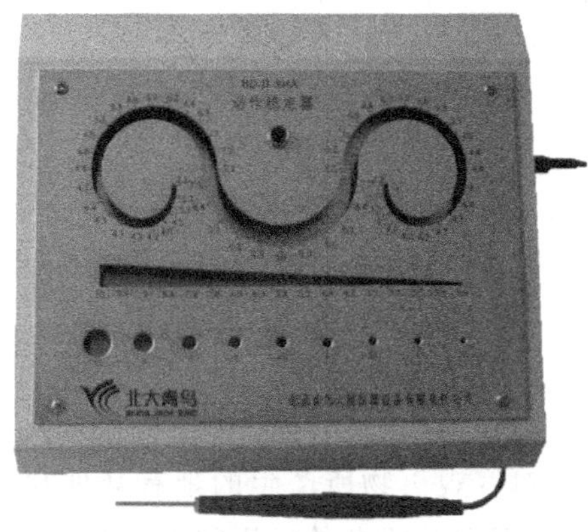

图 2-4　动作稳定器（BD-Ⅱ-304A 型）

（4）记忆广度测试仪（BD-Ⅱ-407 型），见图 2-5。

① 仪器组成：仪器由控制器、主试面板、被试面板、键盘输入盒等部分组成，由微电

图 2-5　记忆广度测试仪（BD-Ⅱ-407 型）

脑组成控制器。被试面板装有 1 位大数码管显示记忆材料，键盘输入回答信息。主试面板上装有 6 位数码管实时显示计分、计错、计位、计时。

② 功能说明：

a. 仪器可实现两套从 3 位至 16 位的数字编码显示，称为码Ⅰ和码Ⅱ。每套编码中相同位数的 4 个数组为一个位组，14 个位组为一套编码。数字从 0～9 随机组合。

b. 仪器的数字显示是从 3 位位组到 16 位位组依次显示的，每一位数字的显示时间为 0.7s。当 1 个数组显示及回答完毕后，按回车键，仪器自动提取下一个相邻的数组。

c. 为了满足医学上测试记忆力的需求，仪器具有“顺答”与“逆答”两种应答方式，顺答是指按数码显示次序正常回答，逆答是指按数码显示次序反过来回答。

d. 仪器能自动判别正确和错误，自动计分、计错、计位、计时，并随时显示测试结果。仪器用回答灯自动提示被试回答数码，在被试回答出错时自动蜂鸣。答错指示灯亮，此时，被试按回车键，仪器自动提取下一个相邻数组。

仪器测试结果的统计规则如下：

- 计分规则。基础分为 2.0 分，答对 1 个数组计 0.25 分，答对 4 个数组（1 个位组）计 1 分，答对 14 个位组计满分 16 分。
- 计位规则。起始位长为 2（2 位），每测试完一个位组，位长加一，如在一个位组中，只答对一组数，也认为被试正确地记忆了该位组的位长。
- 计时规则。复位启动后开始计时，当计满分（16 分）或连续 8 次错时，计时停止。

e. 仪器能自动结束测试，分两种情况。

- 测试过程中，每回答错一组数计错一次，被试如连续答错八次，仪器自动停机长蜂鸣，测试中断。
- 当被试记忆完 14 个位组（满 16 分），仪器自动停机长蜂鸣，测试周期结束。

f. 仪器设有自检功能，用来检查控制器、显示器等工作是否正常。

2.1.3　实验原理

① 错觉是在特定条件下，对客观事物所产生的带有某种倾向的歪曲知觉，而且是必然产生的。错觉在人的心理活动中几乎是难免的，不随人的意志而改变，当产生错觉的条件存在时，每个人都会出现错觉，只是错觉量的大小存在个体差异，所以它并不是心理的一种缺陷。

错觉的种类很多，但最常见、应用最广的是几何图形视错觉。本仪器主要是证实最典型的缪勒-莱伊尔（Muller-Lyer）视错觉现象的存在和研究错觉量大小，缪勒-莱伊尔错觉是指两条等长的线段，由于一条两端画着箭头，另一条两端画着箭尾，看起来前者比后者短，这是由于人的知觉整体性引起的错觉。

② 空间知觉是人对物体大小、距离、形状和方位等三维特性的感知。空间知觉依靠视觉、听觉、动觉、均衡觉等的协调作用，并协助于练习而获取的经验所形成，视觉在此中占主导地位。

空间知觉测试仪就是人们凭借视觉对空间位置中形状、方位的辨别过程来鉴别个体对空间特性的辨别能力，用于考察空间知觉特点和鉴别个体对空间特性的辨别能力的仪器。它还可用于验证刺激的空间结构特点对信息传递效率的影响。该仪器包括灯光显示器、主试控制器、被试操作这三个主要部分。其通过小灯的不同组合能呈现几十种图形，供实验时任意选用。所输出的图形分为条形、块形和不规则形三类，每类又可分为四种图案。实验中，被试对不同的图案进行辨别反应，主试记录下必要的数据。所得数据可用常规统计进行比较，也可用信息论方法算出信息传递效率。

③ 动作稳定性是动作技能的一个重要指标，受个体自身和外界很多因素的影响，情绪就是一个重要的影响因素。情绪的波动会引起手臂肌肉的震颤。当一个人尽量控制自己的身体、手臂和手指等保持不动时，往往仍有明显的不由自主地细微颤动，身体某部位的这种颤动范围可作为控制运动能力的指标。颤动范围越大，控制运动的能力越低；反之，控制运动的能力越强。而当一个人处于某种情绪状态时，这种身体的不自主颤动会比心平气和时明显，所以这种颤动范围又可作为情绪强度的指标。本实验所用的九洞（曲线或楔形槽）动作稳定器就是一种通过测定手的动作稳定程度来间接测量情绪波动程度的仪器。有关研究发现：a. 手臂动作的稳定性随年龄增长而提高，尤其在 6～8 岁最明显；b. 右手的运动稳定性超过左手，6～12 岁比 15 岁、16 岁明显，成人则有时相反；c. 大多数男孩的两手运动稳定性都超过女孩；d. 运动的方向对稳定性有影响。

④ 记忆广度指的是按固定顺序逐一地呈现一系列刺激以后，刚刚能够立刻正确再现的刺激系列的长度。所呈现的各刺激之间的时间间隔必须相等。再现的结果必须符合原来呈现的顺序才算正确。记忆广度是测定短时记忆能力的一种最简单易行的方法。刺激系列可以通过视觉呈现，也可以通过听觉呈现。呈现的刺激可以是字母，也可以是数字。

记忆广度的测定和绝对感觉阈限的测定是类似的，可以用最小变化法，即将刺激系列的长度逐级增加；也可以用恒定刺激法，即将选定的若干长度不同的刺激系列随机呈现。计算记忆长度的方法也是以找出 50％次能够通过的刺激系列的长度为准。例如，用最小变化法测定时，8 位的数字系列能够通过，9 位的数字不能通过，其记忆广度即为 8.5。这种计算方法也有变式，如将每一长度的刺激系列各连续呈现 3 次，则以 3 次都能通过的最长系列作为基数，再将其他未能完全通过的刺激系列的长度按 1/3 或 2/3 加在基数上，将其和算作记忆广度。例如，3 次均能通过的最长系列为 7 位数，则基数为 7。如果 8 位数字系列 3 次中能通过 2 次，则在基数上加 2/3，9 位数字系列 3 次中只通过 1 次，则在基数上再加 1/3，如果 10 位数字系列也通过 1 次，11 位数字系列 3 次均未通过，则再加 1/3。这样，此人的记忆广度即为 $7+2/3+1/3+1/3 = 8+1/3$。

如果用恒定刺激法所得的实验结果为表 2-1，根据此实验结果，用直线内插法计算出来的记忆广度为 8.75。

表 2-1　正确再现数字的百分数

数字系列的长度	4	5	6	7	8	9	10
通过系列的百分数/%	100	94	88	70	74	42	22

测定记忆广度时，如果被试采用组块的方法，其记忆广度就可以大为增加，因此在测定记忆广度后应询问被试，他在数字识记过程中曾采用什么策略，以便在比较个体之间记忆广度的差异时参考。

2.1.4　实验步骤

（1）错觉实验仪

① 测量三种箭羽线夹角下，人眼因为缪勒-莱伊尔错觉产生的误差。仪器有三种不同箭羽线夹角的线段，实验时选择一种做实验，其余的两种用挡板挡住。

② 仪器直立于桌面，被试位于 1m 远，平视仪器的测试面。主试移动仪器上方的拨杆，即调整线段中间箭羽线的活动板，使被试感觉到中间箭羽线左右两端的线段长度相等为止。可以验证箭头线与箭尾线的长度错觉现象，并读出错觉量值。

③ 选择另外两种箭羽线夹角分别测试，重新测试其错觉量值，并比较不同条件即不同箭羽线夹角对错觉量的影响。

（2）空间知觉测试仪

① 支好折叠的灯光显示器。将被试键盘的五芯插头插入仪器侧面的相应插座中。

② 接通并打开电源。被试手握键盘，坐在灯光显示器前。

③ 主试操作面板（见图 2-6）的“图案”键，选择实验采用的灯光刺激图案类型。每按一下，对应键上方的指示灯将变化一个，亮灯的位置表示选择的如图 2-3 所示的那一行灯光刺激图案类型。

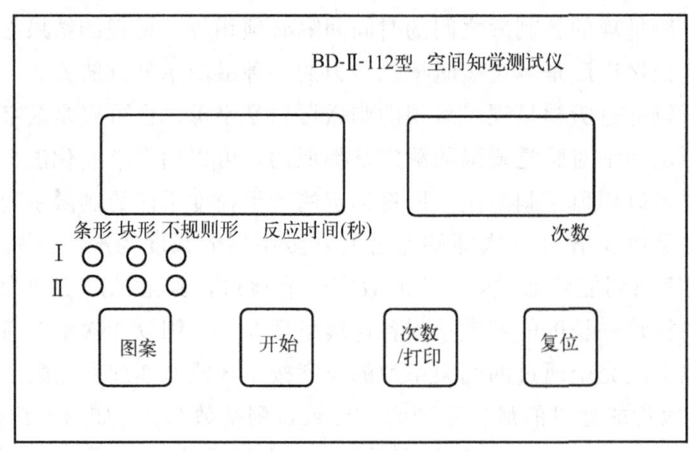

图 2-6　仪器主试操作面板

④ 仪器初始设定的实验次数为 10 次。按“次数/打印”键，可以增加相应设定的次数，每按键一下，增加 10 次，最大 90 次。次数显示窗相应显示设定值。如设定值 00，则表明设定的实验次数不限，实验结束由手动控制。

⑤ 按“开始”键，实验开始。仪器将自动随机确定一组被试键对应灯光图案的方式，即键1/2/3/4与图案A/B/C/D的对应关系。例如3-A 4-B 2-C 1-D，1-A 3-B 4-C 2-D，等等，并非固定的1-A 2-B 3-C 4-D关系。

⑥ 每次实验时，被试面上方的灯先亮黄色，提示预备。灯灭后，图案刺激呈现，开始计时，被试应迅速按下被试键的某一个，如符合确定的反应方式，反应正确，被试面上方灯将亮绿色，计时停止。如不符合确定的反应方式，反应错误，被试面上方灯将亮红色，被试应马上按其他键，直到反应正确，亮绿色为止，这时计时才停止。反应错误将计一次错误次数。被试应该确定并记住此次显示图案为哪个键正确反应的，即判断第⑤步所述的被试键1/2/3/4对应灯光图案的关系。

⑦ 稍休息，又将亮黄灯预备后，出现图案，被试再进行判别与反应。如果是已出现过的图案，被试应按照已判断的被试键与图案关系，快速正确按下相应反应键。仪器显示实验的次数。

⑧ 如设定的次数不为00，则实验次数达到相应次数后，实验自动结束；如设定为00，则按“次数/打印”键，实验结束。如选配微型打印机，应连接好打印电缆，并打开打印机专用电源。实验结束将自动打印出实验结果，按“次数/打印”键，可再次打印。

⑨ 仪器将显示最后出现错误的次数及此次后的平均反应时间。通常，至少连续3次反应正确才能表明被试对这类图案的空间位置与结构已经掌握。最后一次错误表示被试从不清楚结构特点到发现结构特点的“临界点”，这与图案的复杂程度有关。

⑩ 按“图案”键，可进行新的实验设定。按“复位”键可以在任何时候中断实验，并清除数据，重新进行实验设定。

（3）动作稳定器

① 将直流6V电源插头插入仪器电源插座中，再将电源变换器接入市电220V插座上。

② 将测试针的插头，插入仪器盒的右侧插座中。将测试针插入前面板之洞或槽中，并与中隔板接触，前面板上部中间的发光管将亮；将测试针与洞或槽的边缘接触，盒内蜂鸣器将发出声响。

③ 九洞测试：令被试手握测试针，悬肘，悬腕，将金属针垂直插入最大直径的洞内直至中隔板，灯亮后再将棒拔出。然后按大小顺序重复以上动作。插入和拔出金属针时，均不允许接触洞的边缘，一经接触蜂鸣器即发出声音，表示失败，只有在插入和拔出时皆未碰边才算通过。九洞测试以通过最小洞的直径倒数作为被试手臂稳定性的指标。

④ 曲线或楔形槽测试：将金属针插入楔形槽左侧最大宽度处或曲线槽中央最大宽度处（必须插到与中隔板接触）。然后悬臂，悬腕，垂直地将针沿槽向宽度减小的方向平移，至最小宽度处为止，移动时不与中隔板接触。此过程中均不允许针接触槽的边缘，如有接触发生，则蜂鸣器会发出声音。以不碰边时的最小宽度值倒数为被试手臂稳定性指标。

⑤ 定量测试（选配定时计时计数器）：

a. 将连线插头插入仪器盒左侧插座（右侧是测试针插座）中，另一头二线连接计时计数器，其中黑（或白）线与计时计数器后面板的接线柱“地”相连，绿（或红，或黄）线与接线柱“计数”相连。打开计时计数器，其使用见“BD-Ⅱ-308A型定时计时计数器”说明书。

b. 九洞、曲线或楔形槽测试同上。每次实验开始时，按计时计数器“开始”键，开始计时。如金属针与洞、曲线或楔的边缘接触一次，则计时计数器计数一次。

c. 实验可以记录下被试移动整个曲线或楔的时间及接触边缘次数，也可以记录被试在某一洞或曲线、楔某一位置稳定停留的时间，或某确定时间内接触边缘次数。

d. 稳定性指标可用（碰边次数×时间）之倒数表示，碰边次数越多、时间越长，则稳定性越差。

（4）记忆广度测试仪

① 将键盘的插头与仪器被试面板上的插座连接好，接通交流 220V 电源。

② 按下复位键，由程序将码Ⅰ灯、计分灯、顺答方式灯置亮，数码管显示为 0202.00。其分别表示：记忆材料选编码Ⅰ；6 位数码管显示计分和计位；选择顺答方式。0202.00，表示基础位长＝02，基础分＝02.00 分。

③ 实验条件设定：按“编码”键，码Ⅰ、码Ⅱ指示灯及选择编码相互转换，相应码Ⅱ灯亮时，表示记忆材料选编码Ⅱ。按“显示”键，计时、计分指示灯及相应显示内容相互转换，计时灯亮时，六位数码管显示计时和计错。按“方式”键，顺答与逆答指示灯及应答方式相互转换。

④ 实验开始：被试按下键盘盒上的回车键“*”，仪器自动提取一个三位数组。被试见到键盘上回答灯亮时，用键盘按选定方式回答所记忆的数字，回答正确，回答灯灭，计 0.25 分，被试再按下回车键，仪器马上提取下一个数组，再次回答。如 4 个数组都答对，计 1 分，位长＋1。按回车键后，仪器提取下一位组的第一个数组。如果回答有错，仪器响一下蜂鸣，答错灯亮，计错一次。被试记不住显示的数码，可按下任一数字键，仪器响蜂鸣提示出错，再按下回车键，仪器马上提取下一组数码。如此循环，直到仪器出现停机长蜂鸣，测试结束。

⑤ 停机长蜂鸣后，显示实验结果。主试可改变显示状态，记录被试测试成绩。

⑥ 如重新测试，只要按下复位键，选择好实验条件后，按下回车键，仪器将从头开始测试。

⑦ 在测试过程中，主试也可随时更换码Ⅰ或码Ⅱ。改变编码键状态后，再按回车键，仪器将按照新的编码测试。

⑧ 自检：当按下“自检”键，仪器进行自检。此时，主试面的六位数码管显示 123456，被试面的一位大数码管显示 0，答错指示灯、数码管小数点、面板指示灯全灭，键盘上指示灯亮。按下键盘上任何键，相应蜂鸣响，答错指示灯、数码管小数点、面板指示灯全亮。按键盘上“*”键，数码管显示全灭，按 0～9 键，数码管全部显示相应数字。键松开后，回到自检的初始状态。此功能主要是检验仪器的好坏。

2.1.5 实验方案

请学生从上述所提供的实验仪器中选择两种或两种以上实验仪器，自行设计实验方案。实验过程中做好实验记录，实验结束后，提交实验报告。实验报告内容包括：实验设计思路、实验仪器、操作步骤和数据处理、实验结果及实验心得。

2.1.6 实验数据记录

① 长度错觉偏移量测试实验记录，见表 2-2。

表 2-2 长度错觉偏移量记录表

次数	箭羽为 30°的偏差值/mm		箭羽为 45°的偏差值/mm		箭羽为 60°的偏差值/mm	
1	左偏		左偏		左偏	
	右偏		右偏		右偏	
2	左偏		左偏		左偏	
	右偏		右偏		右偏	
3	左偏		左偏		左偏	
	右偏		右偏		右偏	

测试日期及时间：

② 空间知觉测试实验记录，见表 2-3。

表 2-3 空间知觉测试结果记录表

被试	刺激类型	测试次数	错误次数	平均反应时间

测试日期及时间：

③ 动作稳定性测试实验记录，见表 2-4～表 2-8。

主试根据被试所选择的仪器类型记录统计其实验的时间和出错次数，要求每位测试者每种仪器测试 3 次。

a. 九洞测试，测试结果见表 2-4。

表 2-4 九洞测试结果记录表

<table>
<tr><td>练习次数</td><td colspan="5">3 次</td></tr>
<tr><td>左手</td><td colspan="5">洞孔直径(mm)及测试出错次数，成功打√</td></tr>
<tr><td rowspan="4">每孔测试
定时为 10s</td><td>12</td><td>8</td><td>6</td><td>5</td><td>4.5</td></tr>
<tr><td></td><td></td><td></td><td></td><td></td></tr>
<tr><td>4</td><td>3.5</td><td>3</td><td>2.5</td><td rowspan="2">手臂平均
稳定指标：</td></tr>
<tr><td></td><td></td><td></td><td></td></tr>
</table>

测试日期及时间：

b. 曲线或楔形槽测试结果见表 2-5。

表 2-5 曲线或楔形槽测试结果记录表

曲线(左侧)	练习次数	3 次	
	测试时间/s	最小宽度值	手臂稳定性指标
1			
2			
3			
平均值			
曲线(右侧)	练习次数	3 次	
	测试时间/s	最小宽度值	手臂稳定性指标
1			
2			
3			
平均值			
楔形	练习次数	3 次	
	测试时间/s	最小宽度值	手臂稳定性指标
1			
2			
3			
平均值			

测试日期及时间：

c. 九洞稳定时间测试（规定 15s）结果见表 2-6。

表 2-6 九洞稳定时间测试结果记录表

练习次数					
洞孔直径(mm)及接触边缘次数					
每孔稳定时间/s	12	8	6	5	4.5
	4	3.5	3	2.5	手臂平均稳定指标：

测试日期及时间：

d. 曲线或楔形槽定量测试结果见表 2-7。

表 2-7 曲线或楔形槽定量测试结果记录表

曲线(左侧)	练习次数	3 次		
	测试时间/s	最小宽度值	出错次数	手臂稳定性指标

续表

曲线(右侧)	练习次数	3 次		
	测试时间/s	最小宽度值	出错次数	手臂稳定性指标
楔形	练习次数	3 次		
	测试时间/s	最小宽度值	出错次数	手臂稳定性指标

测试日期及时间：

④ 记忆广度测试实验记录，见表 2-8。

表 2-8　记忆广度测试结果记录表

被测	答题方式	计位	计分	计时	记错	平均计分	平均计位
被测 1	顺答						
	逆答						
被测 2	顺答						
	逆答						

测试日期及时间：

2.1.7　思考题

① 根据自己所设计的实验方案，谈谈对心理与认知理论的理解。

② 你认为开展心理与认知实验对实际生活中有什么作用？举例说明。

③ 针对自己所做的实验内容，举例说明有哪些因素影响人们心理与认知的健康发展。并说一些你认为能够改善这些问题最有效的方法。

④ 在现实生活中，你都遇到过哪些心理与认知方面的问题？你又是如何解决的？

2.2 人体疲劳测定综合实验

2.2.1 实验目的

① 测量视觉的选择反应时、辨别反应时、简单反应时，以及检测被试的判别速度和准确性，间接测定被试的疲劳程度。

② 掌握有关注意力的测试方法；了解声光对人的注意力集中能力的影响。

③ 通过测量、分析，比较不同的人在多种感觉方面的差异；掌握人的多种感觉特点，并思考其在设计中的应用。

2.2.2 实验设备

① 视觉反应时测试仪（BD-Ⅱ-511 型），见图 2-7。

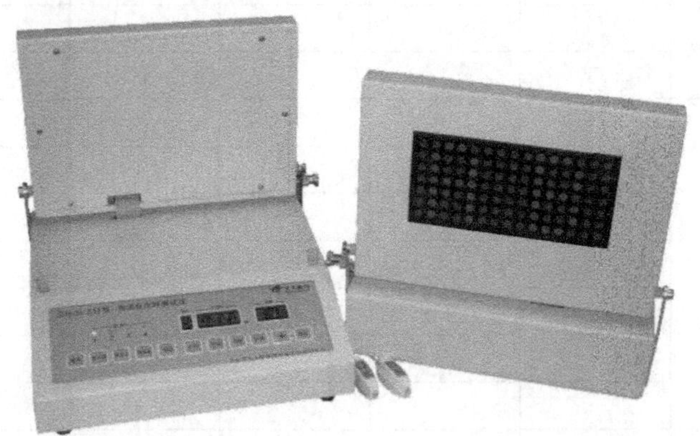

图 2-7 视觉反应时测试仪（BD-Ⅱ-511 型）

本仪器由单片机及开关控制电路、主试面板（见图 2-8）、被试面板等部分组成。主试面板设有操作键、八位数码显示管（1 位标志、4 位反应时、3 位次数）。被试面板由 7×15 三色光点阵显示屏组成，显示屏可翻转折叠。

实验次数：10～255 次，通过按键设定。实时显示每次实验的反应时间（0.001～9.999s）。

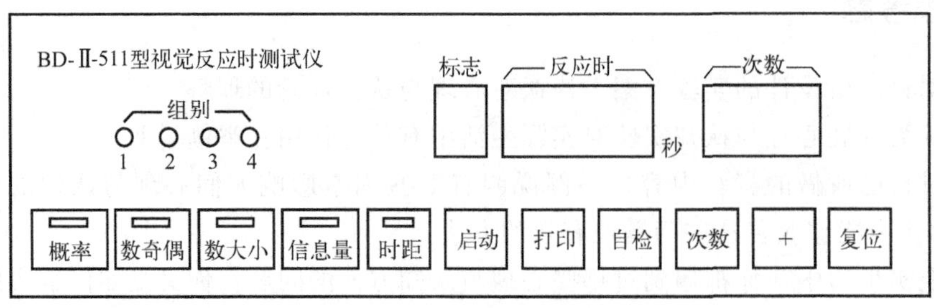

图 2-8 主试面板

② 注意力集中能力测定仪（BD-Ⅱ-310 型），见图 2-9。

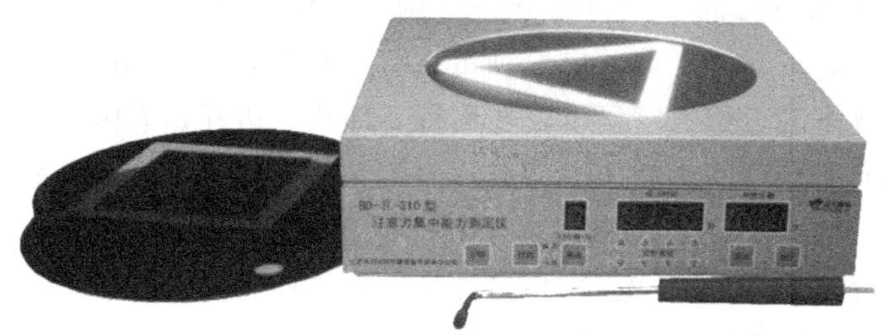

图 2-9　注意力集中能力测定仪（BD-Ⅱ-310 型）

本仪器由一个可换不同测试板的转盘及控制、计时、计数系统组成。转盘转动使测试板透明图案产生运动光斑，用测试棒追踪光斑，注意力集中能力的不同将反映在追踪正确的时间及出错次数上。

仪器控制前面板见图 2-10，主要由定时设定、转向、测试、打印、复位、转速、成功时间、失败次数数码显示管组成；后面板见图 2-11，主要有电源开关、音量大小调节旋钮以及耳机、测试棒、打印机插座。

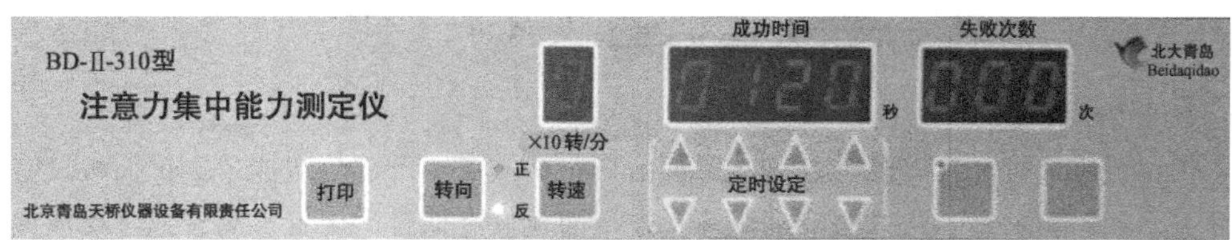

图 2-10　仪器控制前面板

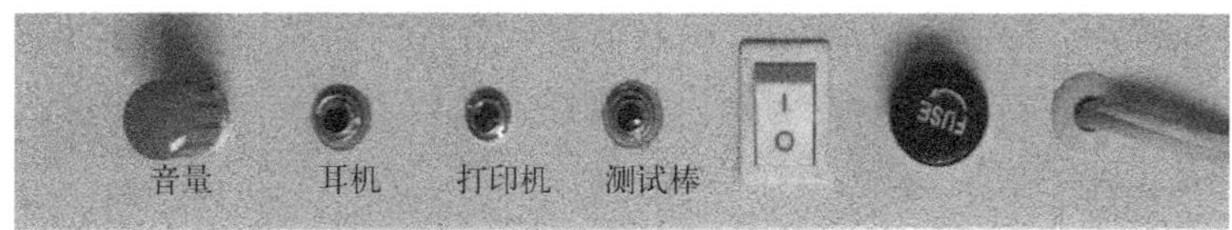

图 2-11　仪器控制后面板

③ 闪光融合频率计（BD-Ⅱ-118 型），见图 2-12。

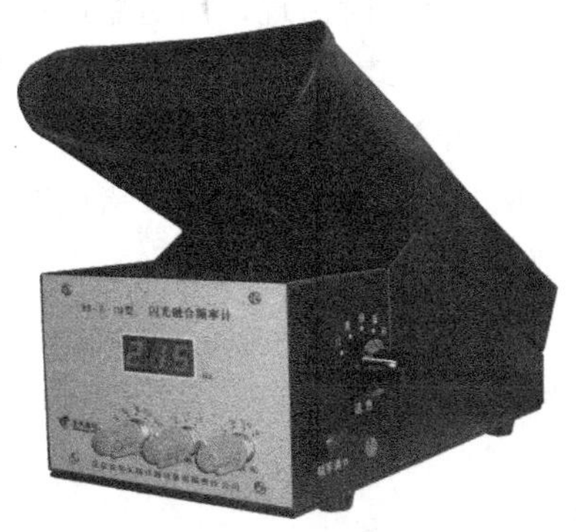

图 2-12　闪光融合频率计（BD-Ⅱ-118 型）

该仪器组成中被试观察部分由一个观察筒、一个调节亮点闪烁频率的调频旋钮（频率调节的范围在 4.0～60.0Hz 之间，0.1Hz 分挡可调，三位数字显示，误差小于 0.1Hz）和一个选色旋钮组成（红、黄、绿、蓝、白 5 种可选；亮点直径：2mm）；主试操作部分：在面板上方有亮点闪烁频率的三位数字显示，在面板下部从左边开始有闪光光点强度、光点亮黑比、背景光亮度和光点颜色四个旋钮。亮点观察距离约 500mm；背景光为白色，强度分四挡可调：1、1/4、1/16 与全黑；亮点波形为方形；亮点闪烁亮黑比为 1∶3、1∶1、3∶1 共三挡；亮点光强度分七挡：1、1/2、1/4、1/8、1/16、1/32、1/64。

④ 注意分配实验仪（BD-Ⅱ-314 型），见图 2-13。

图 2-13　注意分配实验仪（BD-Ⅱ-314 型）

a. 仪器组成：

本仪器由单片机及有关控制电路、主试面板、被试面板等部分组成。主试面板设有功能选择开关、数码显示器、音量调节旋钮等。被试面板设有低音、中音、高音三个反应键，八个发光管和与其对应的八个光反应键。

b. 主要技术指标：

● 声音刺激分高音、中音、低音三种，要求被试对仪器连续或随机发出的不同声音刺激做出判断和反应，用左手按下不同音调相应的按键，按此方法反复地操作一个单位时间，由仪器记录下正确及错误的反应次数。

● 光刺激由八个发光管形成环状分布，要求被试对仪器连续或随机发出的不同位置的光刺激做出判断和反应，然后用右手按下与发光管相对应位置的按键，使该发光管灭掉。依此方法快速反复操作一个单位时间，由仪器记录下正确及错误的反应次数。

● 以上两种刺激可分别出现，也可同时出现，用功能选择开关选定测试状态。

● 两种刺激是随机的、自动的、连续的按规定时间出现。操作的单位时间分为：1～9min 共九挡。可按需要用功能选择开关来选择测试时间。

● 分别记录设定时间内对光或声反应的正确次数及错误次数，最大次数 999 次。

● 自动计算注意分配量 Q 值。

c. 功能说明：

● 主试面板（见图 2-14）说明：

“工作”指示灯；

启动键：主试开始测试键；

复位键：中间强行中断或者每完成一组实验后重新开始；

数码显示器；

音量控制旋钮：实验前由主试调整合适音量；

图 2-14　主试面板

“定时”键：主试按此键设置每组实验时间，1～9min 九挡，数码显示于此键上方；

“方式”键：选择工作方式（工作方式对应功能一览表见表 2-9），数码显示于此键上方；

表 2-9　注意力分配实验仪工作方式对应功能一览表

方式	功能
0	自检方式，此方式时可试音、试光，即检查仪器好坏，也可让被试熟悉低、中、高三种声调
1	中、高二声反应方式
2	低、中、高三声反应方式
3	光反应方式
4	二声＋光反应方式
5	三声＋光反应方式
6	测定 Q 值，二声反应、光反应、二声＋光反应三项实验连续进行
7	测定 Q 值，三声反应、光反应、三声＋光反应三项实验连续进行

“次数”键：实验结束后，选择显示的次数为正确次数或错误次数，其键上方的相应指示灯亮。

● 被试者操作面板（见图 2-15）说明：

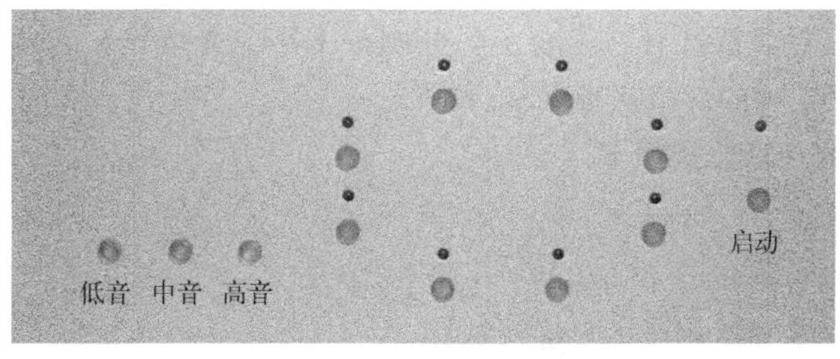

图 2-15　被试者操作面板

3 个声信号操作键：听到低音按“低音”键；听到中音按“中音”键；听到高音按“高音”键。

8 个光信号操作键：依据红灯亮位置按下对应操作键。

光信号灯：红灯亮为光刺激。

工作指示灯：灯亮表示工作状态；灯闪烁表示规定时间内完成了一项操作，中间休息；灯灭表示一组实验完成。

启动键：与主试面板一致，为开始测试键。

2.2.3 实验原理

① 视觉是人们接收外部信息最重要和最主要的通道，视觉信息加工是知觉研究中的重要方面。它在心理学实验中可以作为测定反应变量的一种指标。本实验在改变可供选择的概率、数奇偶、数大小、信息量、时距的条件下测定视觉反应时间。

② 注意力集中是指注意力能较长时间集中于一定的对象，而没有松弛或分散的现象。连续长时间学习常常会引起疲劳和效率的下降。本实验测定在不同跟踪对象、不同测试时间和不同转速下的注意集中能力。学习用追踪仪来研究动作学习的问题，比较间时学习和集中学习的效果。

③ 闪光融合频率计又称亮点闪烁仪，可以测量闪光融合临界频率，确定辨别闪光能力的水平，即视觉时间的视敏度。视敏度是眼睛的一种基本功能，可作为视觉疲劳及精神疲劳的一种指标。不同状态的人，闪光融合频率的差异较大。闪光融合频率越高，表示大脑意识水准也越高。人体疲劳时，闪光融合频率降低。因此，测定人的闪光融合频率是测量人体疲劳的一种常用方法。一般常用闪光融合频率的日间和周间变化率作为疲劳指标。

④ 注意分配指人在同一时间内把注意指向两种或两种以上的活动或对象的能力。它是人根据当前活动需要主动调整注意指向的一种能力，与注意分散有本质区别。其实现主要取决于是否具有熟练的技能技巧，即同时进行的两种或两种以上的活动中，只能有一种是生疏的、需要加以集中注意的，而其余的动作则必须是相当熟练的、处于注意的边缘即可完成的。此外同时进行的几种活动必须是在人的不同加工器内进行信息加工的，否则不可能实现一心二用或多用。

被试者对仪器发出的连续、随机、不同音调的声刺激做出判断和反应。用左手按下相应按键，在规定时间内尽快地操作。仪器记录下正确的反应次数 S_1。被试者对仪器发出的连续、随机、不同位置的光刺激做出判断和反应。用右手食指按下相应按键，在规定时间内尽快地操作。仪器记录下正确的反应次数 F_1。仪器随机、自动、连续按规定时间，同时呈现声刺激和灯光刺激，要求被试者左、右手，分别按下声、光按键，在规定时间内尽快地操作，仪器分别记录下正确的反应次数：S_2 和 F_2。

注意分配量 Q 的计算公式如下：

$$Q=\sqrt{\frac{S_2}{S_1}\times\frac{F_2}{F_1}} \tag{2-1}$$

式中 S_1——被试对单独声刺激的反应次数；

S_2——声、光两种刺激同时出现时被试对声刺激的反应次数；

F_1——被试对单独光刺激的反应次数；

F_2——声、光两种刺激同时出现时被试对光刺激的反应次数。

Q 值的判定：

$Q<0.5$，没有注意分配值；

$0.5\leqslant Q<1.0$，有注意分配值；

$Q=1.0$，注意分配值最大；

$Q>1.0$，注意分配值无效。

2.2.4 实验步骤

（1）视觉反应时测试仪

① 刺激概率对反应时的影响。用红、黄、绿三种色光分别作为刺激，每次实验选用一种色光刺激，进行简单反应时测定。实验次数可按实验需要选定。实验次数设定后，仪器根据设定的组别，自动确定该组实验中“红”“黄”“绿”三种色光应出现的次数。按“红”“黄”“绿”三种色光出现次数的不同比例（概率）共分四组实验，即“概率 1（组别为 1）”“概率 2（组别为 2）”“概率 3（组别为 3）”“概率 4（组别为 4）”。

按主试面板上的“概率”键，选择对应的实验组别。回答可选用任一反应手键。每组实验完后，将显示本组实验中红、黄、绿三种色光的各自平均简单反应时及实验次数。

② 数奇偶不同排列特征对反应时的影响。根据数排列特征不同分成三组实验：

组别 1——“横奇偶”，数横向整齐排列；

组别 2——“竖奇偶”，数竖向整齐排列；

组别 3——“随机奇偶”，数随机排列。

按主试面板上的“数奇偶”键，选择相应组别。实验次数可按需要选定。实验用红色光刺激，刺激在显示屏两侧 4×4 点阵区内显示。被试判别显示点之和是奇数还是偶数，用反应手键回答。如左右刺激点数和为奇数，按“左”键；为偶数，按“右”键。回答正确，显示器自动显示每一次正确判断的反应时间；回答错误，蜂鸣声响提示，自动记录错误次数。实验结束，仪器自动显示正确回答的平均选择反应时及错误回答次数。标志位无显示。

③ 数差大小排列特征对反应时的影响。根据数排列特征不同分三组实验。

组别 1——“横差大小”，数横向整齐排列；

组别 2——“竖差大小”，数竖向整齐排列；

组别 3——“随机大小”，数随机排列。

按主试面板的“数大小”键，选择相应组别。实验次数可按需要选定。实验用红色光刺激，刺激在显示屏两侧 4×4 点阵区内显示。被试判别显示点左边显示点多还是右边多，用反应手键回答。如左边刺激点多，按“左”键；右边多，按“右”键。回答正确，显示器自动显示每一次正确判断的反应时间；回答错误，蜂鸣声响提示，自动记录错误次数。实验结束，仪器自动显示正确回答的平均选择反应时，以及错误回答次数。标志位无显示。

④ 信息量对反应时的影响。根据刺激信息方式分三组实验。

组别 1——信息量 1，在显示屏中间随机显示红或绿“大”正方形。实验要求被试只对“红大正方形”反应，而对“绿大正方形”不反应。

组别 2——信息量 2，在显示屏中间随机显示 4 种正方形，即红大、红小、绿大、绿小正方形。实验要求被试对“红大或绿小正方形”反应，而对“绿大或红小正方形”不反应。

组别 3——信息量 3，在显示屏左右两边随机显示 4 种正方形组合，即红大红小、红小红大、绿大绿小、绿小绿大正方形。实验要求被试进行反应的是“红色左大、右小正方形”或者“绿色左小、右大正方形”，而对于“红色左小、右大正方形”或者“绿色左大、右小正方形”不反应。

实验测定的是辨别反应时，刺激呈现后作为辨别反应的称为正刺激，不做反应的称为负刺激。

按主试面板的“信息量”键，选择相应组别。实验次数可按需要选定。实验用红、绿色光刺激，被试判别刺激是“正刺激”还是“负刺激”，如果是正刺激，回答可选用左右任一反应手键。出现负刺激不回答，2s 后会自行消失。

回答正确，显示器自动显示每一次正确判断的反应时间。回答错误，蜂鸣声响提示，自动记录错误次数。实验结束，仪器自动显示正确回答的平均辨别反应时间及错误回答次数。标志位无显示。

⑤“刺激对”异同及时间间隔对反应时的影响。本实验采用 4 对字母刺激“AA”“Aa”“AB”“Ab”，根据每对两个字母呈现时间的不同分为四组实验：

组别 1——时距 1，两字母同时呈现；

组别 2——时距 2，两字母呈现时间间隔为 0.5s：第一个字母呈现 2s 后消失，隔 0.5s 呈现第二个字母；

组别 3——时距 3，两字母呈现时间间隔为 1s：第一个字母呈现 2s 后消失，隔 1s 呈现第二个字母；

组别 4——时距 4，两字母呈现时间间隔为 2s：第一个字母呈现 2s 后消失，隔 2s 呈现第二个字母。

按主试面板的“时距”键，选择相应组别。实验次数可按需要选定。实验用红色光刺激，刺激在显示屏左、右两侧呈现。被试依呈现内容，用反应手键回答。呈现“AA”“Aa”，按“左”键；呈现“AB”“Ab”，按“右”键。回答正确，显示器自动显示每一次正确判断的反应时间；回答错误，蜂鸣声响提示，自动记录错误次数。实验结束，仪器自动显示正确回答的平均选择反应时间及错误回答次数。标志位无显示。

(2) 注意力集中能力测定仪

① 测试棒插头插入后面板的插座中。如用耳机，则耳机插头插入后面板的相应插座中。

② 接通电源，打开电源开关。

③ 选择转盘转速。按下“转速”键一次，其转速显示加 1，即转速增加 10r/min，超过 90r/min，自动回零。如转速显示为 0，则电机停止转动。选择的转速由测定内容而定。测定注意力集中能力，则应选择慢速挡（不宜超过 40r/min），减少动作协调能力对于注意力集中测试结果的影响。如测定动作追踪能力，可以适当选用较高的转速。

④ 选择转盘转动方向。按下“转向”键一次，其键右侧“正”“反”指示灯亮灭变化一次，“正”亮表示转盘顺时针转动，“反”亮表示转盘逆时针转动。如转盘正在转动中，每按一次“转向”键，转盘变化一次转动方向，经一定时间后，转盘达到指定的转速。

⑤ 选择定时时间。按“定时设定”组合的按键，以“▲”“▼”键确定实验时间，其时间值实时显示于“成功时间”显示窗上。测定注意力集中能力，定时时间不宜过小（应在 2min 以上），否则难以测定出被试注意力不集中的状况。

⑥ 插入耳机插头，选择噪声由耳机发出，否则由喇叭发出。其噪声音量可以由后面板的音量旋钮调节。噪声用于干扰被试的注意力，可以进行对比测试，测试其意志力等。

⑦ 被试用测试棒追踪光斑目标，当被试准备好后，主试按“测试”键，这时此键左上角指示灯亮，同时喇叭或耳机发出噪声，表示实验开始。被试追踪时要尽量将测试棒停留在运动的光斑目标上，以测试棒停留时间作为注意力集中能力的指标。实时显示其时间，即成功时间。同时实时记录追踪过程中测试棒离开光斑目标的次数，即失败次数。到了选定的测

试定时时间，“测试”键左上角指示灯熄灭，同时噪声结束，表示追踪实验结束。

⑧ 打印输出。如接好微型打印机或数据采集软件或专用 U 盘数据采集器，一次测试结束后，按“打印”键，可以输出测试结果：实验条件、成功与失败时间（全部 0.001s 位）及失败次数。

⑨ 复位。测试过程中，要中断实验必须按“复位”键；一次测试结束后要重新开始新的实验，也必须按“复位”键。按下后，成功时间位置显示定时时间，失败次数清零，回到第⑤步。

（3）闪光融合频率计

① 接通电源，电源开关在仪器的左前侧。初始的亮点闪烁频率为 10.0Hz。

② 令被试双眼紧贴观测筒，观察位于视觉中央的亮点。

③ 先将背景光的强度、亮点的光强、亮黑比以及亮点的颜色都固定在所需位置上，然后测定亮点闪烁的临界频率。

④ 在测定临界频率时，频率的快慢都由被试调节。转动仪器右侧亮点闪烁“频率调节”旋钮，相应频率将增加或减少。调节过程中亮点闪烁实时变化。频率调节范围 4.0～60.0Hz。

⑤ 当被试开始看不到亮点在闪烁时，则通过降低闪烁频率，使刚刚见到闪烁时立即停止，记下这时显示的闪烁频率；如果开始时能见到亮点在闪烁，则将频率调快，刚刚看起来不闪烁（融合）时立即停止调节，记下其频率。在融合点附近可以反复测试，得出平均值。

⑥ 如检测亮点不同颜色的闪烁临界频率，则转动亮点“选色”旋钮，选定一种颜色。

⑦ 如检验亮点强度对闪烁临界频率的影响，则其他条件保持不变，在各种光强下测定闪烁临界频率。检验其他条件对闪烁临界频率的影响时亦如此。

（4）注意分配实验仪

① 插好交流 220V 电源插头，开“电源”开关，电源指示灯亮。

② 按“定时”键设定工作时间。

③ 按“方式”键设定工作方式。

④ 自检（试音，试光）。主试设定方式“0”，按“启动”键，开始“自检”，被试分别按压三个声音按键，细心辨别三种不同音调；分别按压 8 个光按键，对应发光二极管亮。每按下一键，数码管相应显示一组数值。检测仪器是否正常。

⑤ 注意分配实验。主试设定方式“1—7”。

a. 被试按启动键，工作指示灯亮，测试开始。

b. 二声反应（方式 1）：出声后，被试依声调用左手食指和中指分别对高、中二音尽快正确反应。

c. 三声反应（方式 2）：出声后，被试依声调用左手食指、中指、无名指分别对高、中、低三音尽快正确反应。

d. 光反应（方式 3）：出光后，被试者用右手食指尽快按下与所亮发光管相对应的按键。

e. 二/三声与光同时反应（方式 4/5）：左右手依上述方法同时反应。

f. 测定 Q 值（方式 6/7）：二/三声反应、光反应、二/三声与光同时反应三项实验连续进行，最后自动计算出注意分配量 Q 值；每项实验完成后，中间将休息，启动灯闪烁，按“启动”键，实验继续。

g. 当工作指示灯灭，表示规定测试时间到。

h. 测试过程中，将实时显示正确或错误次数，显示正确次数，相应“正确”指示灯亮；显示错误次数，相应“错误”指示灯亮。“方式 4/5”声光组合实验，显示正确或错误次数时，声为显示方式“4 或 5”，光为显示方式“4. 或 5.”，即光有小数点以示区别。

⑥ 查看被试测试成绩。每次实验完成后，按“次数”及“方式”键，可查看被试测试成绩。

a. 声或光单独实验（方式 1、2、3）：按“次数”键，查看正确或错误次数。

b. 声或光组合实验（方式 4、5）：按“方式”键，查看声或光的数据，声方式显示“4 或 5”，光方式显示“4. 或 5.”。按“次数”键，查看对应的正确或错误次数。

c. 测定 Q 值实验（方式 6、7）：按“方式”键，可以查看每项的实验数据，对应方式显示为 1/2（声）—→3.（光）—→4/5（声光组合中声）—→4./5.（声光组合中光）—→6/7（Q 值），依次循环。按“次数”键，查看对应的正确或错误次数。显示 Q 值时，按“次数”键无效，相应指示灯全灭；当 Q 值＞1.0，注意分配值无效，显示“—. ——”。

⑦ 每组实验完成后，重新开始，必须按“复位”键。

2.2.5 实验方案

请学生从上述所提供的实验仪器中选择两种或两种以上实验仪器进行人体疲劳测试实验（注意力集中能力测定仪和注意力分配实验仪至少选择一种），并自行设计实验方案。实验过程中做好实验记录，实验结束后，提交实验报告。实验报告内容包括：实验设计思路、实验仪器、具体操作步骤和记录数据、实验结果及实验心得。

2.2.6 实验数据记录

（1）视觉反应时测试实验记录

① 刺激概率实验（每个组别测试次数设置为 20）结果见表 2-10、表 2-11。

表 2-10 刺激概率实验结果记录表（左手）

概率		刺激颜色	颜色出现次数	平均反应时间/s	组别平均反应时间/s
左手	组别 1	红			
		绿			
		黄			
	组别 2	红			
		绿			
		黄			
	组别 3	红			
		绿			
		黄			
	组别 4	红			
		绿			
		黄			

测试日期及时间：

表 2-11　刺激概率实验结果记录表（右手）

概率		刺激颜色	颜色出现次数	平均反应时间/s	组别平均反应时间/s
右手	组别 1	红			
		绿			
		黄			
	组别 2	红			
		绿			
		黄			
	组别 3	红			
		绿			
		黄			
	组别 4	红			
		绿			
		黄			

测试日期及时间：

② 数奇偶实验（每个组别测试次数设置为 20）结果见表 2-12。

表 2-12　数奇偶实验结果记录表

数奇偶	平均反应时间/s	错误次数
组别 1		
组别 2		
组别 3		

测试日期及时间：

③ 数大小实验（每个组别测试次数设置为 20）结果见表 2-13。

表 2-13　数大小实验结果记录表

数大小	平均反应时间/s	错误次数
组别 1		
组别 2		
组别 3		

测试日期及时间：

④ 信息量实验（每个组别测试次数设置为 20）结果见表 2-14。

表 2-14　信息量实验结果记录表

信息量	平均反应时间/s	错误次数
组别 1		
组别 2		
组别 3		

测试日期及时间：

⑤ 刺激对实验（每个组别测试次数设置为 20）结果见表 2-15。

表 2-15　刺激对实验结果记录表

时距	平均反应时间/s	错误次数
组别 1		
组别 2		
组别 3		
组别 4		

测试日期及时间：

(2) 注意力集中能力测定实验记录

① 测试不同条件下的注意力集中能力。

a. 改变时间，实验结果见表 2-16、表 2-17。

表 2-16　改变时间注意力集中能力测定实验结果记录表（正）

目标	三角形	转速/(r/min)	10	转向	正
		测试一	测试二	测试三	平均值
定时时间/s		60	90	120	
成功时间/s					
失败次数					

测试日期及时间：

表 2-17　改变时间注意力集中能力测定实验结果记录表（反）

目标	三角形	转速/(r/min)	10	转向	反
		测试一	测试二	测试三	平均值
定时时间/s		60	90	120	
成功时间/s					
失败次数					

测试日期及时间：

b. 改变转速，实验结果见表 2-18、表 2-19。

表 2-18　改变转速注意力集中能力测定实验结果记录表（正）

目标	三角形	测试时间/s	120	转向	正
		测试一	测试二	测试三	平均值
转速/(r/min)					
成功时间/s					
失败次数					

测试日期及时间：

表 2-19　改变转速注意力集中能力测定实验结果记录表（反）

目标	三角形	测试时间/s	120	转向	反
		测试一	测试二	测试三	平均值
转速/(r/min)					
成功时间/s					
失败次数					

测试日期及时间：

② 固定转速和测试时间，改变测试目标，实验结果见表 2-20、表 2-21。

表 2-20　改变测试目标注意力集中能力测定实验结果记录表（正）

转速/(r/min)	30	测试时间/s	60	转向	正
		四边形		圆形	
成功时间/s					
失败次数					

测试日期及时间：

表 2-21　改变测试目标注意力集中能力测定实验结果记录表（反）

转速/(r/min)	30	测试时间/s	60	转向	反
		四边形		圆形	
成功时间/s					
失败次数					

测试日期及时间：

③ 选用不同的学习方式。

a. 集中学习，实验结果见表 2-22。

表 2-22　集中学习注意力集中能力测定实验结果记录表

目标	跟踪圆点		转速/(r/min)		10	
转向	正		定时时间/s		60	
测试 6 次，每次不休息						
成功时间/s						
失败次数						

测试日期及时间：

b. 间时学习，实验结果见表 2-23。

表 2-23　间时学习注意力集中能力测定实验结果记录表

目标	跟踪圆点		转速/(r/min)		10	
转向	正		定时时间/s		60	
测试 6 次(1、2 次测试后休息 2min，3、4 次测试后休息 5min)						
成功时间/s						
失败次数						

测试日期及时间：

(3) 闪光融合临界频率实验记录

① 确定背景光强为 1，亮黑比 1∶3，亮点光强度为 1，改变颜色，从感到闪烁调制到光的融合即稳定，实验结果见表 2-24。

表 2-24　闪光融合临界频率实验记录表 1

颜色	测试 1/Hz	测试 2/Hz	测试 3/Hz	平均值/Hz
红				
黄				
绿				

测试日期及时间：

② 确定背景光强为 1，亮黑比为 1∶3，改变光强度。调制光闪即闪烁，实验结果见表 2-25。

表 2-25　闪光融合临界频率实验记录表 2

颜色	红		黄		绿	
亮点光强度	闪烁/Hz	融合/Hz	闪烁/Hz	融合/Hz	闪烁/Hz	融合/Hz
1/2						
1/4						
1/8						
1/16						
1/32						
1/64						

测试日期及时间：

③ 确定背景光强为 1/16，亮黑比为 1∶1，改变光强度，实验结果见表 2-26。

表 2-26　闪光融合临界频率实验记录表 3

颜色	红		黄		绿	
亮点光强度	闪烁/Hz	融合/Hz	闪烁/Hz	融合/Hz	闪烁/Hz	融合/Hz
1/2						
1/4						
1/8						
1/16						
1/32						
1/64						

测试日期及时间：

（4）注意分配

实验记录见表 2-27。

表 2-27　注意分配实验记录数据

测试类别	声刺激		光刺激		声＋光刺激				注意分配值 Q
					声反应		光反应		
	正确次数/次	错误次数/次	正确次数/次	错误次数/次	正确次数/次	错误次数/次	正确次数/次	错误次数/次	
一组									

测试日期及时间：

2.2.7 思考题

① 在生活中，疲劳作业不但会影响工作效率，严重的可能会导致人体受到伤害，请举例说明并思考解决办法。

② 分析作业中影响注意力的因素，在实际生产中，哪些作业要求注意力高度集中？分析如何提高劳动绩效。

③ 除了上述所提供的实验可以检测一个人是否处于疲劳状态，请思考还有哪些人机实验可以检测人体疲劳，并说明原因。

2.3 振动及其测量

2.3.1 实验目的

① 学习测振系统的组成及原理。

② 掌握振动研究中的三个重要物理量，即振动位移、振动速度、振动加速度及三者之间的关系。

③ 学会利用振动信号定位振源（平面）位置的方法。

2.3.2 实验设备

实验主要设备包括振动传感器、恒流源和示波器三部分，实验系统原理如图 2-16 所示。

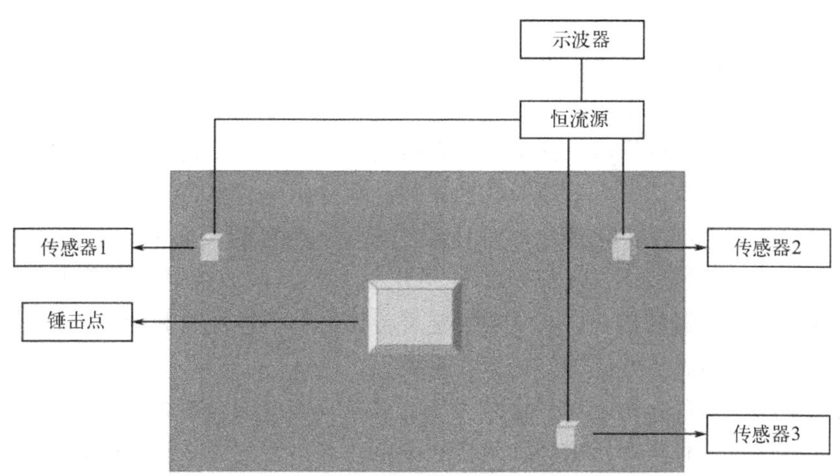

图 2-16　振动测试实验系统原理图

（1）压电式加速度传感器（三向 IEPE）

IEPE 加速度传感器带有一个放大器和一个恒流源。电流源将电流引入加速度传感器。加速度传感器内部的电路使它对外表现得像一个电阻。传感器的加速度和它对外表现出的电阻成正比。因此传感器返回的信号电压和加速度也成正比。

压电式加速度传感器又称为压电加速度计，属于惯性式传感器。它是典型的有源传感器。利用某些物质如石英晶体、人造压电陶瓷的压电效应，在加速度计受振时，质量块加在压电元件上的力也随之变化。压电敏感元件是力敏元件，在外力作用下，压电敏感元件的表面产生电荷，从而实现非电量电测量的目的。压电式加速度传感器的组成框图如图 2-17 所示，原理如图 2-18 所示。

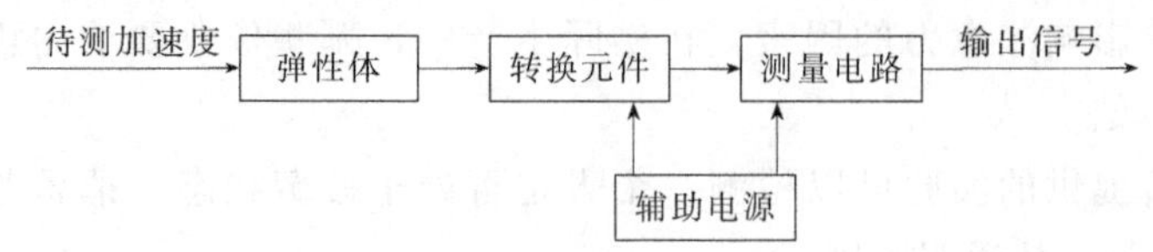

图 2-17　压电式加速度传感器的组成框图

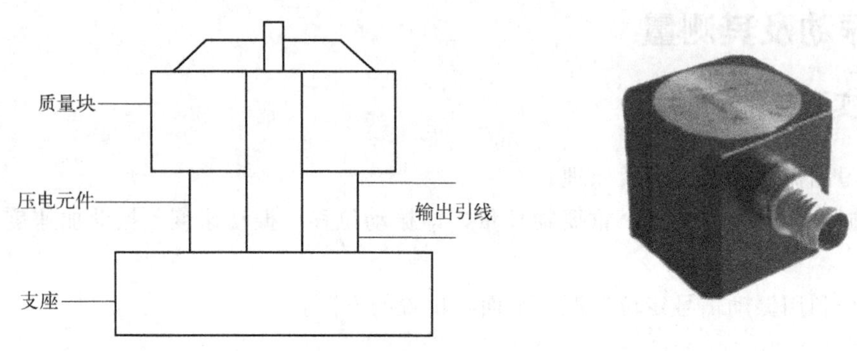

图 2-18　压电式加速度传感器原理及实物图

实际测量时，将图 2-18 中的支座与待测物刚性地固定在一起。当待测物运动时，支座与待测物以同一加速度运动，压电元件受到质量块与加速度相反方向的惯性力的作用，在晶体的两个表面产生交变电荷（电压）。当振动频率远低于传感器的固有频率时，传感器的输出电荷（电压）与作用力成正比。电信号经前置放大器放大，即可由一般测量仪器测试出电荷（电压）大小，从而得出物体的加速度。

压电式加速度传感器的压敏元件采用具有压电效应的压电材料，换能元件是以压电材料受力后在其表面产生电荷的压电效应为转换原理。这些压电材料，当沿着一定方向对其施力而使它变形时，内部会产生极化现象，同时在它的两个相对的表面上产生符号相反的电荷；当外力去掉后，又重新恢复不带电的状态；当作用力的方向改变时，电荷的极性也随着改变。其中弹性体是传感器的核心，其结构决定着传感器的各种性能和测量精度，弹性体结构设计的优劣对加速度传感器性能的好坏至关重要。

传感器数学模型推理：压电材料可分为压电晶体和压电陶瓷两大类，因压电陶瓷的压电系数比压电晶体的大，且采用压电陶瓷制作的压电式传感器的灵敏度较高，故本实验系统压电元件采用压电陶瓷，极化方向在厚度方向（z 方向）。当加速度传感器和被测物一起受到振动冲击时，压电元件受质量块惯性力的作用，根据牛顿第二定律，此惯性力是加速度的函数。设质量块作用于压电元件的力为 $F_{上}$，支座作用于压电元件的力为 $F_{下}$，则有

$$F_{上}=Ma \tag{2-2}$$

$$F_{下}=(M+m)a \tag{2-3}$$

式中　M——质量块质量；

　　　m——晶片质量；

a——物体振动加速度。

由式(2-2)、式(2-3) 可得晶片厚度方向（z 方向）任一截面上的力为

$$F=Ma+ma(1-z/d) \tag{2-4}$$

式中，d 为晶片厚度。则平均力为

$$\overline{F}=\frac{1}{d}\int_{0}^{d}[Ma+ma(1-z/d)]\mathrm{d}z=\left(M+\frac{1}{2}m\right)a \tag{2-5}$$

因晶片材料为压电陶瓷，极化方向在厚度方向（z 方向），作用力沿着 z 方向，故此时外加力只有 T_3，不等于零，其平均值为

$$\overline{T}_3=\frac{1}{A}\left(M+\frac{1}{2}m\right)a \tag{2-6}$$

式中，A 为晶片电极面面积。

选用 D 型压电常数矩阵，得电荷

$$Q=d_{33}\overline{T}_3A=d_{33}\left(M+\frac{1}{2}m\right)a \tag{2-7}$$

式中，d_{33} 为压电常数。由于质量块一般采用质量大的金属钨或其他金属制成，而晶片很薄，即有 M 远大于 m，故式(2-7) 通常写为

$$Q=d_{33}Ma \tag{2-8}$$

由式(2-8) 可知，压电元件的 Q 和 d_{33}、M 成正比，因此测量电荷量就可得到加速度。

(2) 多通道 IEPE 恒流源适调器

实验使用 YE3826 多通道 IEPE 恒流源适调器，设备实物见图 2-19。

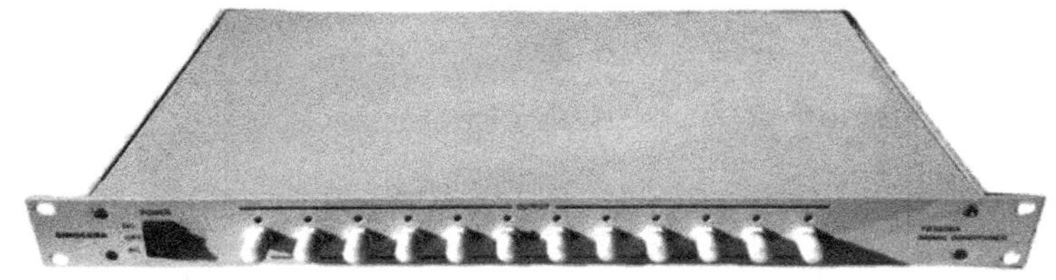

图 2-19　IEPE 恒流源适调器

(3) 示波器（数据采集卡）

实验使用日本 HIOKI 公司存储记录仪 MR8847A（见图 2-20，配 HIOKI 8966 模拟单元），主要技术指标如下：

输入端口：绝缘 BNC 端口（输入电阻 1MΩ，输入电容 30pF）；对地最大额定电压：AC，DC，300V。

测量量程：5mV/格～20V/格，12 挡量程，满量程 20 格；用存储功能可测量/显示 AC 电压（RMS）：280V（RMS）；低通滤波器：5Hz/50Hz/500Hz/5kHz/50kHz/500kHz。

测量分辨率：测量量程的 1/100（使用 12bit A/D）。

最快采样速度：20Ms/s（2 通道同时采样）。

测量精度：±0.5% f.s.（滤波 5Hz，调零后）。

频率特性：DC～5MHz（−3dB）；AC 结合时：7Hz～5MHz（−3dB）。

输入耦合：AC/DC/GND。

最大输入电压：DC 400V。

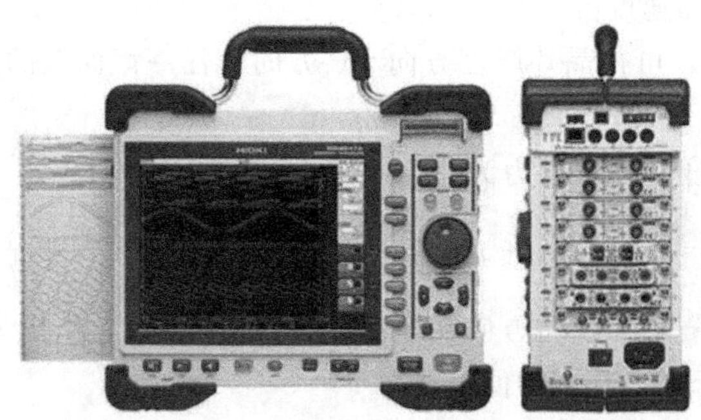

图 2-20　日本 MR8847A 存储记录仪实物图

2.3.3　实验原理

在振动测量中，振动信号的位移、速度、加速度幅值可用位移传感器、速度传感器或加速度传感器来进行测量。

设振动位移、速度、加速度分别为 x、v、a，其幅值分别为 B、V、A，当 $x=B\sin(\omega t-\phi)$ 时，有

$$v=\frac{\mathrm{d}x}{\mathrm{d}t}=\omega B\sin(\omega t-\phi+\frac{\pi}{2}) \tag{2-9}$$

$$a=\frac{\mathrm{d}v}{\mathrm{d}t}=\omega^{2}B\sin(\omega t-\phi+\pi) \tag{2-10}$$

式中　ω——振动角频率；

ϕ——初相角。

则位移、速度、加速度的幅值关系为

$$V=\omega B \tag{2-11}$$

$$A=\omega^{2}B \tag{2-12}$$

由式(2-11)、式(2-12) 可知，振动信号的位移、速度、加速度的幅值之间有确定的关系，因此，只要用位移、速度或加速度传感器测出其中一种物理量的幅值，如在测出振动频率后，就可计算出其他两个物理量的幅值，或者利用测试仪或动态分析仪中的微分、积分功能来进行测量。

2.3.4　实验步骤

研究同一扰动下的三向振动特征，掌握根据加速度参量计算振动其他参量的方法。利用多个三轴加速度传感器，测试同一锤击作用下，振动波在介质中传播后的参数特征，比较不同位置振动传感器各方向振动信号特征。

(1) 实验操作步骤

① 安装加速度传感器。把 3 个三向加速度传感器固定在平板不同位置。

② 连接实验设备。将加速度传感器与恒流源连接，恒流源与示波器连接。

③ 仪器参数设置。打开示波器、恒流源的电源开关，进入数据采集分析软件的主界面，设置采样频率、量程范围、放大倍数等参数。

④ 采集并显示数据。利用应力锤锤击桌面平板，使平板产生明显振动，利用示波器采集振动传感器的数据。

⑤ 分析数据。分析各方向振动信号的频率和幅值特征，并计算振动信号的其他参数（速度和位移等）。

⑥ 清理仪器，完成一次实验。

（2）实验注意事项

① 在通电情况下，不允许插拔设备插座，只能利用设备电源开关通断电；

② 外供电压为交流 220V，设备外壳需接地；

③ 确保将正确的振动传感器连接面与平板连接；

④ 实验过程中，不要随意走动或触碰平板、试验台。

2.3.5　实验数据记录

通过实验，把表征三向振动特征的参数，包括频率、加速度、速度和位移的测量值记入表 2-28。

表 2-28　振动及其测量记录表

测点	方向	参量	数值
1	x 方向	频率 f	
		加速度 A	
		速度 V	
		位移 B	
2	y 方向	频率 f	
		加速度 A	
		速度 V	
		位移 B	
3	z 方向	频率 f	
		加速度 A	
		速度 V	
		位移 B	

测量人员：　　　　　　　　　　日期：

2.3.6　思考题

① 请简述频率 f、加速度 A、速度 V、位移 B 之间的关系。

② 同一次振动同一测点测试得到的三个方向的位移、速度、加速度幅值的实测值有无差别？若有差别，原因是什么？

③ 同一次振动测试，不同测点的位移、速度、加速度特征有无差别？若有差别，原因是什么？

2.4 建筑物室内光照性能设计

2.4.1 实验目的

① 学习建筑物室内光照度测量的仪器，掌握它们的原理和结构。

② 掌握建筑物室内光照度测量仪器的使用方法，并注意测量中的有关问题。

③ 对建筑物光照度的布局合理性进行评价，并提出光源设计和利用的合理性方案。

2.4.2 实验设备

TES-1335 数位式照度计（见图 2-21），PR-202U 型照度计（见图 2-22），直尺，皮尺。

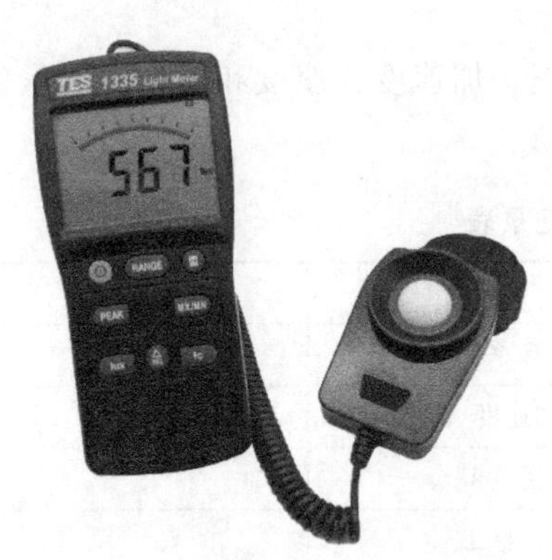

图 2-21 TES-1335 数位式照度计

图 2-22 PR-202U 型照度计

照度计采用硅光电池作为光敏测量元件，经高性能集成运算放大器放大，并经 A/D 转换后，通过液晶显示读数，过程按照 JJG 245—2005《光照度计检定规程》进行。

2.4.3 实验原理

针对某一特定使用功能的建筑物（室内、室外或兼顾室内外），使用照度计等相关仪器对其照明光源的光照度进行测量，从而分析该建筑物照明光源的利用系数，并对该环境的光照效果进行评价，提出合理化的建议以及进行光照设计的原则。

平均照度的计算：将测定范围以纵横线等间隔划分为等面积的网格，以每个网格中心一点的照度测量值求出全部测量范围的平均照度值，即按式(2-13) 求其平均照度。

$$\overline{E}=\frac{\sum E_i}{MN} \tag{2-13}$$

式中 $\overline{E}$——平均照度，lx；

E_i——各网格中心点的照度，lx；

MN——在纵横方向的网格数。

2.4.4　实验步骤

（1）光照度测点布置

① 一般照明时测点的平面布置。

a. 预先在测定场所打好网格，做测点记号，一般室内或工作区为 2～4m 的正方形网格，对于小面积的房间可采取 1m 的正方形网格。

b. 对走廊、通道、楼梯等在长度方向的中心线上按 1～2m 的间隔布置测点。

c. 网格边线一般距离房间各边为 0.5～1m。

② 局部照明时测点布置。局部照明时，在需照明的地方，当测量场所狭窄时，选择其中有代表性的一点；当测量场所广阔时，可按照一般照明布点。

③ 测量平面和测点高度。

a. 无特殊规定时，一般为距地面 0.8m 的水平面。

b. 有规定时（如工作区距离地面较高等），按照规定的平面和高度。

（2）测点数的确定

为了减少测量工作量，推荐如表 2-29 所示的满足 10%以下精度的最少测点数。

表 2-29　最少测点数表（满足 10%以下精度）

室形指数	测点数
<1	4
1～2	9
2～3	16
>4	25

$$\text{室形指数}=LW/[H(L+W)] \tag{2-14}$$

式中　L——房间长度，m；

W——房间宽度，m；

H——工作面以上灯具出光口高度，m。

（3）光照度测量条件

① 根据需要点亮必要的光源，排除其他无关光源的影响。

② 测定开始前，白炽灯需点燃 5min，荧光灯需点燃 15min，高强气体放电灯需点燃 30min，待各种光源的光输出稳定后再测量。对于新安设的灯，宜在点亮 100h（气体放电灯）和 20h（白炽灯）后进行照度测量。

（4）测量方法

① 测量时应排除太阳光源等的影响。

② 指示值稳定后读数。

③ 要防止测试者人影和其他各种因素对接收器的影响。

④ 在测量中宜使电源电压不变，在额定电压下进行测量，如做不到，在测量时应测量电源电压，当与额定电压不符时，则应按电压偏差对光通量变化予以修正。

⑤ 为提高测量的准确性，一测点可取 2～3 次读数，然后取算术平均值。

(5) 仪器使用方法

① 将接收器插头插入仪器，接收器置于被测点。

② 按电源键开机。

③ 按 lux/fc 键选择测量单位，本实验采用 lux 为测量单位。

④ 拨开光检测器保护盖并将光检测器放置在面对光源的水平位置。

⑤ 自显示器读取照度值。

⑥ 如需要将显示器值锁定，按 H 键，再按一次 H 键，则退出锁定模式。

(6) 杂光去除测量方法

① 按电源键开机。

② 按 lux/fc 键选择测量单位，本实验采用 lux 测量单位。

③ 将要测的光源开启。

④ 拨开光检测器保护盖并将光检测器放置在面对光源的水平位置。

⑤ 按 SET 键，"SET01" 符合显示，按回车键，"STRAY+LIGHT" 符合显示，显示器的照度值是太阳光源等杂散光源（STRAY）加上要测光源（LIGHT）的总照度值。

⑥ 按回车键存入总照度值（STRAY+LIGHT）且 "STRAY" 符号显示。

⑦ 将要测光源关闭。

⑧ 按回车键存入太阳光源等杂散光源（STRAY）照度值，并计算出要测光源实际在夜晚发出的实际照度值，"LIGHT" 及 D-H 符合显示，即可读出示数。

⑨ 按回车键退出此模式。

2.4.5 实验数据记录

① 将测量结果记入表 2-30、表 2-31。

表 2-30 照明测量一般情况记录表

<table>
<tr><td>场所名称</td><td></td><td>光源种类</td><td>一般照明：
局部照明：</td><td>灯具悬挂高度
(距工作面)</td><td></td></tr>
<tr><td>视觉工作
内容</td><td></td><td>灯泡(管)
功率/W</td><td>一般照明：
局部照明：</td><td>灯具污染
情况</td><td></td></tr>
<tr><td>房间尺寸
(长×宽×高)</td><td></td><td>灯泡(管)
数/个</td><td>一般照明：
局部照明：</td><td>灯具擦洗
情况</td><td></td></tr>
<tr><td>照明方式</td><td></td><td>总功率/W</td><td></td><td>遮挡情况</td><td></td></tr>
<tr><td>灯具类型</td><td></td><td rowspan="2">单位面积
功率
/(W/m^2)</td><td rowspan="2"></td><td>房间污染
情况</td><td></td></tr>
<tr><td>灯具台数</td><td></td><td>灯具点亮
情况</td><td></td></tr>
<tr><td colspan="6">灯具和测点平面及剖面布置图(注明尺寸)</td></tr>
</table>

表 2-31　照度实测记录表　　　　单位：lx

场所名称		照度计	型号			电压/V	测前			环境温度/℃		测量时间		
			编号				测后							
一般照明	测量点	1	2	3	4	5	6	7	8	9	10	11	12	$E_{min}=$ $E_{max}=$ $E_{av}=$ $E_{min}/E_{av}=$
	实测值													
	校正值													
	测量点	13	14	15	16	17	18	19	20	21	22	23	24	
	实测值													
	校正值													
局部照明	测量点	1	2	3	4	5	6	7	8	9	10	11	12	$E_{min}=$ $E_{max}=$ $E_{av}=$ $E_{min}/E_{av}=$
	实测值													
	校正值													
	测量点	13	14	15	16	17	18	19	20	21	22	23	24	
	实测值													
	校正值													
混合照明	测量点	1	2	3	4	5	6	7	8	9	10	11	12	$E_{min}=$ $E_{max}=$ $E_{av}=$ $E_{min}/E_{av}=$
	实测值													
	校正值													
	测量点	13	14	15	16	17	18	19	20	21	22	23	24	
	实测值													
	校正值													

主观评价效果：

测定日期：　　年　　月　　日　　　　　测定人：

此外，尚应记录以下项目：

a. 测量地点名称。

b. 测量地点的平面图和剖面图、照明器布置的平面图和剖面图。

c. 被测房间的装修情况和污染程度。

d. 采用光源的种类、功率、总灯数、单位面积功率。

e. 采用照明器的形式。

f. 测量时的电源电压。

g. 测量环境的温度状况及环境情况（如遮挡等）。

h. 使用的照度计型号和编号、校正和检定日期。

i. 测点高度。

j. 测定日期、起止时间、测定人姓名。

② 为了清晰地表示房间在剖面上和平面上的照度分布，可根据测定值绘制各剖面的照度曲线或在平面上的等照度曲线。

2.4.6 思考题

① 根据实验数据计算并分析场所的光照度等级，所测数据取3组平均值。

② 通过实验，对所测量的建筑物进行光照效果评价，指出存在的问题，并提出合理的布局和解决方案。

③ 提出你认为能够提高照明光源光照度、利用系数和节约能力的方案。

④ 查询国家标准，列出常用生产生活建筑物室内照明的需用标准清单。

2.5 高温作业环境分级实验

2.5.1 实验目的

① 掌握高温作业环境热强度大小的测定方法。

② 掌握湿球黑球温度（WBGT）指数仪的使用方法和技能。

③ 能根据所测结果对所测高温作业做出分级评价。

2.5.2 实验设备

湿球黑球温度（WBGT）指数仪（图2-23），辐射热计，三脚支架。

图2-23 WBGT-2006型湿球黑球温度指数仪

2.5.3 实验原理

（1）定义

① 生产性热源。指在生产过程中能够产生和散发热量的生产设备、产品或工件等。

② 工作地点。指作业人员进行生产操作或为了观察生产情况，需要经常或定期停留的地点。若因生产劳动需要，作业人员在车间内不同地点进行操作，则整个车间可称为工作地点。

③ WBGT指数。WBGT指数亦称为湿球黑球温度（℃），是表示人体接触生产环境热强度的一个经验指数，它采用了自然湿球温度（t_{nw}）、黑球温度（t_g）和干球温度（t_a）三种参数，并由下列公式计算而获得：

室内作业：

$$\mathrm{WBGT}=0.7t_{nw}+0.3t_g \tag{2-15}$$

室外作业：

$$\mathrm{WBGT}=0.7t_{nw}+0.3t_g+0.1t_a \tag{2-16}$$

④ 高温作业。指在生产劳动过程中，其作业地点平均WBGT指数≥25℃的作业。

⑤ 接触高温作业时间。指作业人员在一个工作日内（8h）实际接触高温作业的累计时间（min）。

⑥ 定向辐射热。指生产性热源向工作地点的某一方向辐射的热量。

（2）高温作业分级

按照工作地点 WBGT 指数（即湿球黑球温度）和接触高温作业的时间，将高温作业分为四级，级别越高表示热强度越大，分别为轻度危害作业（Ⅰ级）、中度危害作业（Ⅱ级）、重度危害作业（Ⅲ级）和极重度危害作业（Ⅳ级），见表 2-32。

表 2-32　高温作业分级标准

劳动强度	接触高温作业时间/min	WBGT 指数/℃						
		29～30（28～29）	31～32（30～31）	33～34（32～33）	35～36（34～35）	37～38（36～37）	39～40（38～39）	41 以上（40 以上）
Ⅰ（轻度）	60～120	Ⅰ	Ⅰ	Ⅱ	Ⅱ	Ⅲ	Ⅲ	Ⅳ
	121～240	Ⅰ	Ⅱ	Ⅱ	Ⅲ	Ⅲ	Ⅳ	Ⅳ
	241～360	Ⅱ	Ⅱ	Ⅲ	Ⅲ	Ⅳ	Ⅳ	Ⅳ
	361 以上	Ⅱ	Ⅲ	Ⅲ	Ⅳ	Ⅳ	Ⅳ	Ⅳ
Ⅱ（中度）	60～120	Ⅰ	Ⅱ	Ⅱ	Ⅲ	Ⅲ	Ⅳ	Ⅳ
	121～240	Ⅱ	Ⅱ	Ⅲ	Ⅲ	Ⅳ	Ⅳ	Ⅳ
	241～360	Ⅱ	Ⅲ	Ⅲ	Ⅳ	Ⅳ	Ⅳ	Ⅳ
	361 以上	Ⅲ	Ⅲ	Ⅳ	Ⅳ	Ⅳ	Ⅳ	Ⅳ
Ⅲ（重度）	60～120	Ⅱ	Ⅱ	Ⅲ	Ⅲ	Ⅳ	Ⅳ	Ⅳ
	121～240	Ⅱ	Ⅲ	Ⅲ	Ⅳ	Ⅳ	Ⅳ	Ⅳ
	241～360	Ⅲ	Ⅲ	Ⅳ	Ⅳ	Ⅳ	Ⅳ	Ⅳ
	361 以上	Ⅲ	Ⅳ	Ⅳ	Ⅳ	Ⅳ	Ⅳ	Ⅳ
Ⅳ（极重度）	60～120	Ⅱ	Ⅲ	Ⅲ	Ⅳ	Ⅳ	Ⅳ	Ⅳ
	121～240	Ⅲ	Ⅲ	Ⅳ	Ⅳ	Ⅳ	Ⅳ	Ⅳ
	241～360	Ⅲ	Ⅳ	Ⅳ	Ⅳ	Ⅳ	Ⅳ	Ⅳ
	361 以上	Ⅳ	Ⅳ	Ⅳ	Ⅳ	Ⅳ	Ⅳ	Ⅳ

注：括号内 WBGT 指数适用于未产生热适应和热习服的劳动者。

（3）定向辐射热的修正系数

在工作地点定向辐射热强度平均值≥2kW/m^2 的高温作业，应在表 2-32 的基础上相应提高一个等级，但最高不应超过Ⅳ级。

2.5.4　实验步骤

（1）测量时间

常年从事接触高温作业的工种，应以最热季节测量值为分级依据。季节性或不定期接触高温作业的工种，应以季节内最热月测量值为分级依据。从事室外作业的工种，应以夏季最热月晴天有太阳辐射时的测量值为分级依据。在生产正常和工作地点热源稳定时，同一工作地点，在一个工作日内应测量 3 次，即工作后 9：00～10：00、13：00～14：00 和 16：00～17：00，连测 3 天，取平均值，如遇特殊生产工艺，工作地点热源不稳定时，可依据生产进程或具体情况，随时测量，同一测点连测 3 次，取平均值。

（2）测量地点及位置

选择作业人员经常操作、停留或临时休息处，一般测量高度立位作业为1.5m高，坐位作业为1.1m高。如作业人员实际受热不均匀，应测踝部、腹部和头部。立位时测量点离地高度分别为0.1m、1.1m和1.7m；坐位时测量点离地高度分别0.1m、0.6m和1.1m。

（3）测量方法

① 干球、湿球和黑球温度测量时应用三角支架将3个温度计悬挂起来，以便使环境空气不受限制地流经球体感温部。

② 在测量湿球温度时，要在湿球温度计的感温部分裹上一层湿纱布条，纱布条要覆盖湿球温度计的整个感温球体。测量时由其自然蒸发（不能人为强迫通风），每半小时读记测量数值一次。应注意保持纱布条清洁、湿润，再次使用前要清洗干净。

③ 黑球温度计达到稳定状态时，需要的时间较长，所以黑球温度一般每隔25min读记测量数值一次。

（4）WBGT指数测量步骤

① 确定采样点，并将仪器固定在采样点。干球、湿球和黑球温度测量时应用三脚支架将3个温度计安装到支架上，接好测头线。

② 开机。打开电源开关，按下标有“湿球”“黑球”“干球”选择形状的任一键，此时显示的就是所对应的“自然湿球温度”“黑球温度”“空气温度”，单位为℃。

③ 当在室内测量时，按下“室内WBGT”键，仪器显示WBGT室内值。

④ 当在室外测量时，按下“室外WBGT”键，仪器显示WBGT室外值。

2.5.5 实验数据记录

（1）WBGT指数的平均值计算公式

$$\mathrm{WBGT}=\frac{\mathrm{WBGT}_{头}+2\mathrm{WBGT}_{腹}+\mathrm{WBGT}_{踝}}{4} \tag{2-17}$$

（2）时间加权WBGT指数计算公式

在生产环境热强度变化较大的工作场所，或者因生产需要作业人员在车间内不同工作地点操作，且接触热强度大小不一致时，应采用时间加权平均公式计算WBGT指数：

$$\mathrm{WBGT}=\frac{(\mathrm{WBGT}_1)t_1+(\mathrm{WBGT}_2)t_2+\cdots+(\mathrm{WBGT}_n)t_n}{t_1+t_2+\cdots+t_n} \tag{2-18}$$

式中　WBGT_1——第1个工作地点实测WBGT；

WBGT_2——第2个工作地点实测WBGT；

WBGT_n——第n个工作地点实测WBGT；

$t_1,t_2,\cdots,t_n$——作业人员在第$1,2,\cdots,n$个工作地点实际停留时间。

（3）接触高温作业时间测量与计算

① 接触高温作业时间是指因生产需要，作业人员在一个工作日（8h）内实际在热环境中操作、停留、短休的累计时间。

② 测算方法是同一工种或生产岗位随机选择受测作业人员2～3名，在正常生产状况下，跟班记录一个工作日内作业人员实际接触高温作业的时间，连续记录3天，取平均值。

③ 如遇作业人员在一个工作日内需在不同岗位工作时，要分别测算在各岗位的实际接触高温作业时间，同时测量其岗位工作地点 WBGT 指数，以便按式（2-18）计算时间加权平均 WBGT 指数。

（4）定向辐射热的测量与计算方法

① 定向辐射热的测算时间、地点及位置与计算方法请参照 2.5.4 节中（1）、（2）和 2.5.5 节中（2）的方法进行。

② 采用定向辐射热计对准被测方向测量。

2.5.6　思考题

① 根据实验数据计算并分析所测对象的高温作业分级等级。

② 结合《工作场所职业病危害作业分级 第 3 部分：高温》(GBZ/T 229.3—2010）的要求，试阐述工业场所高温作业分级原则与基本要求。

③ 根据实验结果，试分析高温作业的危害并阐述如何设计降低高温作业等级的方案。

2.6　作业场所粉尘测定分析实验

2.6.1　实验目的

① 熟悉采样器，测量粉尘浓度、分散度（粒度分布）的各种仪器设备的使用方法。

② 掌握测定生产场所空气中粉尘浓度、分散度（粒度分布）的方法和技能。

③ 能够根据生产场所的实际情况设计测试方案，并能根据所测结果对作业场所空气中的粉尘污染情况做出评价。

2.6.2　实验设备

PC-3A 型袖珍激光可吸入粉尘连续测试仪，崂应 2030 型中流量环境空气颗粒物采样器，WJL-602 型激光粒度分析仪。

2.6.3　实验原理

PC-3A 型袖珍激光可吸入粉尘连续测试仪（图 2-24）由感应器和数据处理器组成。工作原理为激光束经过一组非球面镜变成一束功率密度均匀分布的细测量光束，在光束轨迹的侧前方为一前焦点落在光束轨迹上、后焦点落在一光电转换器上的散射光束收集透镜组，当一流动的取样空气通过激光束与散射光束收集透镜组的前焦点交汇处时，空气中的尘埃粒子发出与其物理尺寸相对应的散射光，散射光经过光学透镜收集，在后焦点处由光电转换器接收并转换成相应的电信号。

崂应 2030 型中流量环境空气颗粒物采样器（图 2-25）是用于采集大气中总悬浮微粒（$PM_{2.5}$、PM_{10}、TSP）样品的必备仪器，由采样头、主机和三脚支架组成。该采样器技术性能指标符合 HJ/T 374《总悬浮颗粒物采样器技术要求及检测方法》等有关采样器的规定，当一定体积的空气恒速通过已知质量的滤膜时，悬浮于空气中的颗粒物被阻留在滤膜上，根据滤膜增加的质量和通过滤膜的空气体积，确定空气中总悬浮颗粒物的质量浓度，并可用于测定颗粒物中的金属、无机盐及有机污染物等组分。

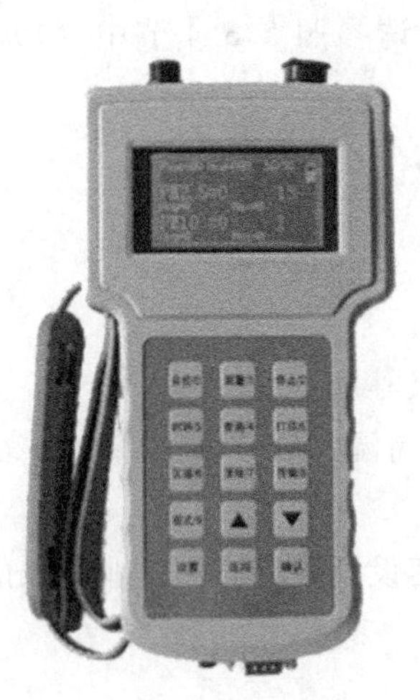

图 2-24 PC-3A 型袖珍激光可吸入粉尘连续测试仪

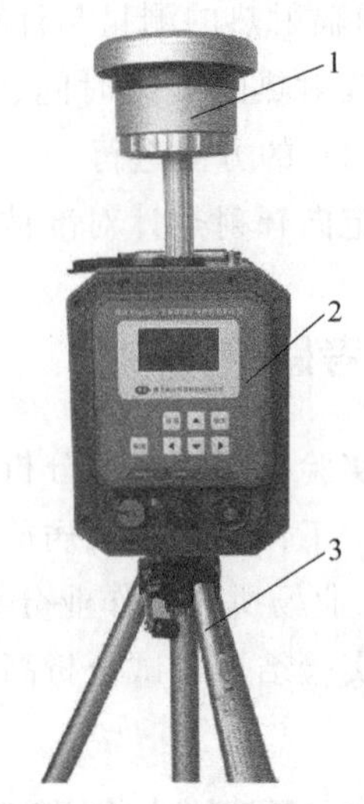

图 2-25 崂应 2030 型中流量环境空气颗粒物采样器

1—PM_{10}/TSP 采样头；2—主机；3—三脚支架

WJL-602 型激光粒度分析仪（图 2-26）适用于各种粉体、悬浮液和乳浊液的颗粒粒度测量分析，仪器运用全量程米氏散射理论，充分考虑到被测颗粒和分散介质的折射率等光学性质，根据大小不同颗粒在各角度上散射光强的变化反演出颗粒群的粒度分布数据。

图 2-26 WJL-602 型激光粒度分析仪

2.6.4 实验步骤

（1）测尘点的确定原则

测尘点指的是受粉尘污染的作业场所中必须进行监测的地点。测尘点的选择遵循以下原则：

测尘点应设在有代表性的工人接尘地点；测尘位置应选择在接尘人员经常活动的范围内，且粉尘分布较均匀处的呼吸带；在风流影响时，一般应选择在作业地点的下风侧或回风侧；移动式产尘点的采样位置，应位于生产活动中有代表性的地点，或将采样器架设于移动设备上。

（2）PC-3A 型袖珍激光可吸入粉尘连续测试仪操作步骤

① 开机。将切换开关向下拨至下端位置，仪器显示欢迎界面。2s 后，进入待机界面。在此界面中，区域是指下次测量所选择的数据存储区域，屏幕右上角的电池符号指示当前内置电池电量，屏幕最下方为当前的系统时间。

② 自校。按【自校】键仪器自动进行自校，自校时间 1min。听到仪器中蜂鸣器鸣叫声，自校完成。自校的底噪声通过液晶显示屏显示出来。当自校结束，显示值低于 10 时，自校合格，蜂鸣器的结束提示为短响“嘀”声。当自校结束，显示值大于 10 时，自校不合格，蜂鸣器的结束提示为长响“嘀”声。对于自校不合格的仪器不能用于检测。

③ 测量。

a. 仪表测量以前，应取下仪器上方进气口的防护盖。

b. 按【区域】键选择测量数据存储区，用于选择测量时的数据存储在哪里。本仪器内置 10 个存储区，分别用数字 0～9 代表，屏幕中显示每个存储区域已存储的数据测量时间及样本数量，如果某个区域已有测量数据，则此区域不能被选择，用户可通过【清除】键清除该区域的数据，再用【确定】键选择该区域。

c. 按【程式】键选择此次测量的时间间隔。在此界面，按【设置】键可对对应程式的参数进行修改，按【确认】键保存设置的程式参数；本仪器可预置 8 组采样时间间隔，每组的测量与停止时间在 0～99min 内用户均可设置；如选择测 2min 停 3min 时，仪器将执行每分钟测一次，连续测 2 次取平均值显示并储存，然后待机 3min，再继续循环测量。这种方法可连续观察大气尘埃浓度变化。

d. 按【测量】键进入测量程序。完成②、③两项操作后，返回待机界面，此时按【测量】键，仪器按设定的程序完成测量。每次平均值的数据将存储在所指定的存储区内。按【停止】键可停止本次测量。当测量区域的数据已存满时，仪器也将自动停止测量，进入待机状态。

e. 按【查询】键，选择要查询的测量数据存储区。通过【▲】【▼】键选择区域，并确定。通过【▲】【▼】键滚动查询本区域所有的测量数据，每条测量数据包括数据的序号、测量时间、测量值，通过按【确定】键，测量值可在颗粒数与浓度值之间切换。

f. 注意事项：

当测量结束时，必须将左侧电源开关拨至“关”位置。否则有可能引起电池的过度放电，影响电池的使用寿命。

不得将烟雾及高浓度颗粒物直接喷入传感器取样口，以免污染光学系统。

谨防震动、摔打、碰击。

（3）环境空气颗粒物采样器的实验操作步骤

① 采样前准备。

a. 选择干燥、避阳处，将采样器放置在平稳的三脚支架上。

b. 将玻璃纤维滤膜装进 TSP/ PM_{10} 采样头里面并正确组装采样头，再将其拧紧在采样器上。

c. 确认电源为 AC（220±22）V，50Hz 后，接通电源线，打开电源开关，看采样器自检时有没有错误提示，若有错误提示应及时修理后方可使用。

② 开机。

a. 开机后，采样器进入初始状态，进行自检，并显示仪器型号、版本号等信息。自检正常后，自动对传感器进行校零。

b. 校零结束后，进入主操作菜单。系统时钟、大气压和环境温度每隔 5s 交替显示。

③ 设置。

a. 在主菜状态，将光标移动到“①设置”选项，按【确定】键进入设置界面，设置分为常规设置、采样设置和时钟设置。

b. “常规设置”为设置大气压，大气压可分为输入和测量两种状态，按确定键可实现两种状态切换，大气压为输入状态时，大气压数值前有“*”显示，用于区分大气压状态。

c. “采样设置”为采样参数设置，包括单次采样时间、采样间隔和采样次数。将光标移动到需要修改的项，按“确定”键，操作【▲】、【▼】、【◀】、【▶】键进行修改，修改完毕后按“确定”键保存修改。其时间设置单位“××h××m”表示小时和分钟。“单次”表示单次采样的时间；“间隔”表示相邻两次采样之间的间隔时间；“次数”表示采样次数。

④ 采样。

a. 即时采样。按【启动】键，抽气泵启动，立即开始采样。实时显示当前的实际采样流量、标况采样体积、累计采样时间、环境温度、计前压力和大气压力。

采样数据分三屏幕显示，按【▲】、【▼】键或【◀】、【▶】键可以翻屏查看。

采样过程中若按【取消】键，则出现暂停符号，抽气泵停止工作，采样暂停，计时停止。此时若要停止采样，则再按【取消】键，若要继续采样则按【确定】键。

b. 定时采样。修改“②启动时刻”，设置为定时采样，移动光标到“③启动”项，按【确定】键，开始进行定时采样。

屏幕最下面的一行是当前的系统时间。当系统时间运行到“定时等待”时间时，采样器将立即结束等待状态，启动抽气泵进入采样状态。

在“定时等待”状态，若持续按【取消】键 3s，可以退出等待状态，结束整个定时采样的操作，返回主菜单。

若定时采样为“间隔采样”时，在一次采样结束后，屏幕上第二行表示本段间隔时间是 10min；第三行表示当前的系统时间；最后一行表示设置间隔采样 3 次，已完成了 1 次采样，本段间隔的时间已经过了 1min。

（4）WJL-602 型激光粒度分析仪的实验操作步骤

① 确定采样点并将仪器固定在采样点。在固定仪器时，先将三脚架支撑好，将仪器底部固定孔对准三脚架支撑杆，对准后放下即可。

② 开机预热 15～20min。

③ 运行颗粒粒度测量分析系统。

④ 新建数据文件夹，选择合适的目录保存，然后“打开”新建的数据文件夹。

⑤ 向样品池中倒入分散介质，分散介质液面刚好没过进液口上侧边缘，打开排液阀，当看到排液管有液体流出时关闭排液阀（排出循环系统的气泡），开启循环泵，使循环系统中充满液体。

⑥ 点击【测量】按钮，使测试软件进入基准测量状态，系统自动记录前 10 次基准测量的平均结果，刷新完 10 次后，按【下步】按钮，系统进入动态测试状态。

⑦ 关闭循环泵，抬起搅拌器，将适量样品（根据遮光比控制加入样品的量）放入样品池中，如有必要可加入相应的分散剂。

⑧ 启动超声，并根据被测样品的分散难易程度选择适当的超声时间（一般为 1min～9min 50s）。

⑨ 启动搅拌器，并调节至适当的搅拌速度，使被测样品在样品池中分散均匀。

⑩ 启动循环泵，如果加入样品的遮光比超过 1，则会显示测量结果，测试软件窗口显示测试数据，当数据稳定时存储（定时存储或随机存储）测试数据。

⑪ 数据存储完毕，打开排液阀，被测液排放干净后关闭排液阀，加入清水或其他液体冲洗循环系统，重复冲洗至测试软件窗口粒度分布无显示时，说明系统冲洗完毕；如果选择有机溶剂作为介质时，要清洗掉沾在循环系统内壁上的油性物质。

⑫ 对存储后的测量结果可以进行平均、统计、比较和模式转换等操作。

⑬ 仪器长时间不使用要切断总电源，用罩罩住仪器。

2.6.5 实验数据记录

粉尘浓度和粉尘分散度的测量结果填写于表 2-33、表 2-34 中。

表 2-33　粉尘浓度测量记录表

厂名	测点号	质量分数/%	测点部位	测点布置示意图

测量人员：　　　　　　　　　　　　　　日期：

表 2-34　粉尘分散度测量记录表

测点号	测点部位	分散度/%			
		<2μm	2～5μm	5～10μm	10μm 以上

测量人员：　　　　　　　　　　　　　　日期：

2.6.6 思考题

① 根据理论课程所学，试分析作业场所中生产性粉尘的概念、分类、危害及危害程度分级，并试着阐述粉尘的防治措施。

② 通过实验，对所测量作业场所的粉尘危害情况进行评价，指出存在的问题，并结合作业场所提出合理的粉尘控制和防治措施。

③ 结合《工作场所职业病危害作业分级 第 1 部分：生产性粉尘》（GBZ/T 229.1），论述生产性粉尘分级方法和分级管理原则。

第3章

噪声污染检测技术

3.1 城市道路交通噪声测量与评价

3.1.1 实验目的

① 学会等效连续声级及累计百分数声级的概念，熟练掌握声级计、噪声频谱分析仪的使用方法。

② 掌握城市道路交通噪声的测量方法。

③ 学会对噪声测量测试数据的处理与测定结果做出评价。

3.1.2 实验设备

AWA5633A 型声级计，噪声频谱分析仪，风速计，气象测定仪。

声级计是测量噪声的最基本仪器。它是用一定频率和时间计权来测量噪声的一套仪器。其原理为将声信号转换成电信号，通过测量电信号值获得声信号量即声压级值。具体来说，声级计的工作原理是：声波被传声器转换成电压信号，该电压信号经衰减器、放大器以及相应的计权网络、滤波器，或者外接记录仪，或者经过均方根值检波器直接推动指示表头。声级计的工作原理图如图 3-1 所示。

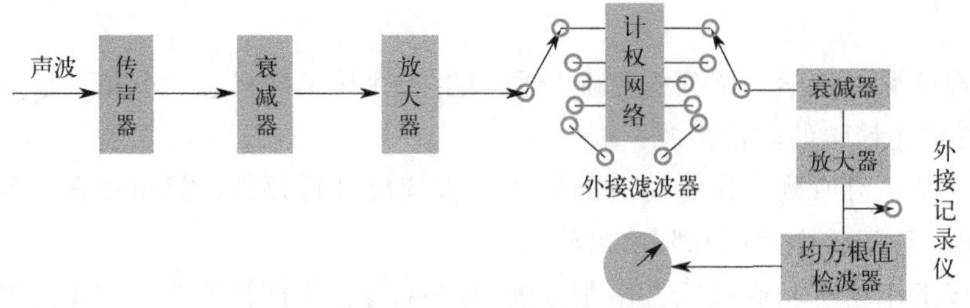

图 3-1 声级计工作原理图

由于噪声是由复音组成，不同频率声压级不同，为此噪声分析中常通过噪声频谱分析获得噪声特性的全貌。由于噪声量的大小还与人的主观感觉相关，因此噪声测量中常模拟人耳对声波反应速度的时间特性直接反映噪声量的大小，即按照等响度曲线（即对不同频率的音频信号进行不同程度的衰减）以计权网络计量声压级。通过计权网络测得的声压级，叫作计权声压级。常见的计权网络有 A、B、C、D 四种，由于 A 网络对高频声反应敏感，对低频声衰减强，与人耳对噪声的感觉最近，故在测定与舒适性环境相关的噪声时，均采用 A 声级作为评定指标。

3.1.3 实验原理

从物理定义上讲，振幅和频率上完全无规律的振荡称为噪声。从环境保护角度而论，凡是人们所不需要的声音统称为噪声。噪声对人类的危害是多方面的，其主要表现为对听力的损伤、睡眠干扰、人体的生理和心理影响。当人在 100dB 左右噪声环境中工作时会感到刺耳、难受，甚至引起暂时性耳聋。超过 140dB 的噪声会引起眼球的振动、视觉模糊，呼吸、脉搏、血压都会发生波动，甚至会使全身血管收缩，供血减少，说话能力受到影响。

随着城市道路交通的飞速发展，交通噪声污染的问题也日益突出，特别是邻近区域建有学校、医院、住宅等噪声敏感建筑物的情形。在影响人居环境的各种噪声中，无论从噪声污染面还是从噪声强度来看，道路交通噪声都是最主要的噪声源。道路交通噪声对人居环境的影响特点是干扰时间长、污染面广、噪声级别较高。道路交通噪声测量不仅可以掌握城市道路交通噪声的污染情况，还可以指导城市道路规划。道路交通噪声的测量可参照 GB/T 3222.2《声学环境噪声的描述、测量与评价　第 2 部分：声压级测定》和 GB 3096《声环境质量标准》中的相关要求进行。城市道路交通噪声可以运用声级计、噪声频谱分析仪对选定的测点采用等效连续声级及累计百分数声级进行客观度量，即测量 A 声级的 L_{eq}、L_5、L_{10}、L_{50}、L_{90}、L_{95}。测量方法有分布测量和定点测量两种。本实验为定点测量某一路段的交通噪声。

（1）A 声级（A-weighted sound pressure level）

用 A 计权网络测得的声压级，用 L_A 表示，单位 dB（A）。

（2）等效连续 A 声级（equivalent continuous A-weighted sound pressure level）

简称等效声级，指在规定测量时间 T 内 A 声级的能量平均值，用 $L_{A_{eq},T}$ 表示（简写为 L_{eq}），单位 dB（A），是声级的能量平均值。除特别申明，一般噪声限值等均为 L_{eq}。

$$L_{eq}=10\times\lg\left(\frac{1}{T}\int_0^T 10^{L_t/10}\,dt\right) \tag{3-1}$$

式中　L_t——时刻 t 的瞬时 A 声级；

T——规定的测量时间段。

（3）累计百分数声级（percentile level）

用于评价测量时间段内噪声强度时间统计分布特征的指标，指占测量时间段一定比例的累计时间内 A 声级的最小值，用 L_N 表示，单位 dB(A)。其中：

L_{10}——在测量时间内有 10%的时间 A 声级超过的值，相当于噪声的平均峰值；

L_{50}——在测量时间内有 50%的时间 A 声级超过的值，相当于噪声的平均中值；

L_{90}——在测量时间内有 90%的时间 A 声级超过的值，相当于噪声的平均本底值。

如果数据采集是按等时间间隔进行的，则 L_N 也表示有 $N\%$ 的数据超过的噪声级。一般 L_N 和 L_{eq} 之间有如下近似关系：

$$L_{eq}(dB) \approx L_{50} + \frac{(L_{10} - L_{90})^2}{60} \tag{3-2}$$

3.1.4 实验步骤

(1) 测点选择

测点应选在两路口之间，道路边人行道上，离车行道的路沿 20cm 处，此处离路口应大于 50m，这样该测点的噪声可以代表两路口间的该段道路交通噪声。分别在同一路段的 5 个不同测点重复以上测量。

(2) 测量时间

① 时间段的划分。测量时间分为昼间和夜间两部分。具体时间可依地区和季节不同按当地习惯划定。白天选在工作时间范围内（如 8：00～12：00 和 14：00～18：00）；夜间选在睡眠时间范围内（如 23：00～5：00）。

在实验中，可简单近似在下午 2：00～4：00，测定测点的噪声，且要求每个测点测量时间为 20min。

② 测量日的选择。测量一般选择在星期一至星期五的正常工作日，如果休息日以及不同季节环境噪声有显著差异，必要时可要求做相应的测量，或长期连续测量。

此外，测量应选在无雨、无雪的天气条件下进行，风速达到 5m/s 以上时停止测量。测量时传声器加风罩。

(3) 测量方法

一般在规定的测量时间段内，各测点每次取样测量 20min 的等效 A 声级，以及累计百分数声级 L_5、L_{10}、L_{50}、L_{90}、L_{95}，同时分别记录货车、客车（包括中巴车、长途汽车）、小车、摩托车的车流量（辆/h）。

(4) 测量数据与评价值

① 用测得的等效 A 声级 L_{eq}(dB) 及累计百分数声级 L_5(dB) 表示该路段的道路交通噪声评价值。

② 将各段道路交通噪声级 L_{eq}、L_5，按路段长度加权算术平均的方法，得出某交通干线区域的道路交通噪声平均值作为评价值，计算式如下：

$$L = \frac{1}{l}\sum_{i=1}^{n} l_i L_i \tag{3-3}$$

式中 L——某交通干线两侧区域的道路交通噪声平均值，dB；

l——典型路段的道路总长，$l=\sum_{i=1}^{n} l_i$，km；

l_i——第 i 段典型路段的道路长，km；

L_i——第 i 段道路测得的等效 A 声级 L_{eq} 或累计百分数声级 L_5，dB。

(5) 数据处理

① 根据测得的数据 L_{eq}，计算 L，并绘制一天的等效连续声级曲线图；根据统计的来往

车辆数和测得的 L_{eq}，寻找两者之间的关系。

② 计算交通噪声指数，用于评价交通噪声对周围环境的干扰。

交通噪声指数 $=4L_{10}-3L_{90}-30$dB，适用于交通流量很大的情况。

3.1.5　实验数据记录

实验日期：　年　月　日

测量时段：

气象状态：　　　温度：　　　相对湿度：　　　风速：

噪声测量设备型号：

测量前校准值：　　　　测量后校准值：

绘制测点示意图，并按表 3-1 记录实验数据。

表 3-1　城市道路交通噪声实验数据记录表

测量点	L_{eq}	L_5	L_{10}	L_{50}	L_{90}	L_{95}	车流量/(辆/h)			
							客车	货车	小汽车	摩托车

3.1.6　思考题

① 按区域功能特点和环境质量要求，声环境功能区分为哪 5 类？并给出各类声环境功能区规定的环境噪声等效声级限值。

② 根据绘制的曲线图，找出该测点在所处时间段内交通噪声的变化规律，并分析原因。

③ 分析等效声级与累计百分数声级之间的关系，说明 L_{10}、L_{50}、L_{90} 分别代表的声级的意义。分析实验结果与式（3-2）的符合程度。

④ 根据求得的交通干线区域的道路交通噪声平均值，判断所监测的道路是否超过了交通噪声标准，并提出减少交通噪声污染的措施。

3.2　车间噪声源及噪声的现场测量

3.2.1　实验目的

① 掌握声级计和噪声频谱分析仪的使用方法。

② 掌握工业企业车间噪声源及噪声的现场测定方法与技能，根据现场的实际情况，设计出现场测定方案并进行现场测定。

③ 由所测定结果对车间的噪声污染程度做出评价，并在此基础上提出可行的改进方案或建议。

3.2.2 实验设备

声级计，噪声频谱分析仪。

3.2.3 实验原理

（1）工业企业车间噪声源现场测定

各类机器设备的噪声测量应遵照《声学环境噪声的描述、测量与评价　第 2 部分：环境噪声级测定》(GB/T 3222.2）等有关测试规范进行，包括国家标准、行业标准以及专业规范。对未制定测试规范的，可按下列原则确定测量位置：

小型机器（最大尺寸≤30cm)，测点距表面 30cm。

中型机器（50cm＞最大尺寸＞30cm)，测点距表面 50cm。

大型机器（最大尺寸≥50cm)，测点距表面 1m。

特大型或有危险的设备，可视情况选取较远的测点。

空气动力型机械：进气口噪声测点选在进气口轴线上，距管口 0.5～1m（或等于一个管口直径)；排气口噪声测点应取在与排气口轴线呈 45°（或 90°）的方向上，距管口 0.5～1m（或等于一个管口直径)。

机械设备噪声的测点数目应视设备的大小而定，小型机器可取一个，大中型机器在设备周围均匀布点，以算术平均值或最大值表示机器噪声级。

测点的高度应以机器的半高度为准，但应高于地面 0.5m，以减少地面对噪声的反射。测点应远离其他设备和墙体的反射，一般距离不小于 2m。测量时传声器应正对机器表面。

在测量机械设备的噪声时，由于测点位置不同，可能得到的结果也不同。因此应按照监测规范进行布点和测量，同时应注明测点位置。

（2）工业企业车间噪声现场测定

① 测点的选择，应能切实反映车间各个操作岗位的噪声水平。

② 在按工艺流程设计的厂房、车间内，或工种分工明显的生产环境中，测点应包括各工种的操作岗位与操作路线。

③ 在工种分区不明显的车间，测点应选择典型工种的操作岗位。

④ 在需要了解车间其余区域噪声分布时，可在工人为观察或管理生产而经常活动的范围，如通道、休息场所等处选择噪声测点。

⑤ 若车间内各处 A 声级波动小于 3dB，则只需在车间选择 1～3 个测点。

⑥ 若车间内各处 A 声级波动大于 3dB，则应按声级大小，将车间分成若干区域，任意两区域的声级应大于或等于 3dB，而每个区域内的声级波动必须小于 3dB，每个区域取 1～3 个测点。这些区域必须包括所有工人为观察或管理生产过程而经常工作、活动的地点和范围。根据测量结果给出车间噪声分布图。

⑦ 当噪声源为稳态噪声时，测量 A 声级，记作 dB（A)。若噪声源为非稳态噪声，则

测量等效连续 A 声级，或测量不同 A 声级下的暴露时间，用中心声级表示相应声级，并将暴露时间记录于表 3-2 中，并计算等效连续 A 声级。

⑧ 测量稳态噪声应使用声级计“慢挡”时间特性，一次测量应取 5s 内的平均读数。

⑨ 测量非稳态噪声应使用声级计“慢挡”时间特性，并应根据噪声变化特性确定测量时间，在测量时间内测得的数据，应能代表日等效 A 声级。对周期性变化的噪声，测量时间应等于噪声变化周期的整数倍，最短不得少于一个变化周期。

⑩ 噪声测量时，生产设备必须处于正常工作状态，并维持运行状态不变。

⑪ 在测点上传声器应置于人耳位置高度，但人需离开。测量时，传声器应指向影响较大的声源；若难于判别声源方位，则应将传声器竖直向上。

⑫ 测量时要注意减少环境因素对测量结果的影响，如注意避免或减少气流、电磁场、温度和湿度等因素对测量结果的影响。

3.2.4 实验步骤

（1）工业企业车间噪声源的现场测定

测量时间：选择环境声压级比较平稳的时间段。

测量条件：无雨，无雪，窗户开启，风速小于 5m/s。

测量要求：

① 每一小组都必须对车间内各种型号机车各一台噪声源进行现场测定。

② 根据现场实际情况选取测试噪声源，针对所选取的噪声源几何尺寸大小及测点布置原则确定测点个数及位置。

③ 先在各测定点测定背景噪声，每个点各测量 1min，并将数据记录在表 3-3 中。

④ 开动机器，测定各测定点的等效连续 A 声级的 L_{eq}，每个点各测量 1min，并将数据记录在表 3-3 中。

⑤ 进行第二轮，即重复③、④的步骤。

（2）工业企业车间噪声的现场测定

测量时间：选择环境声压级比较平稳的时间段。

测量条件：无雨，无雪，窗户开启，风速小于 5m/s。

测量要求：

① 绘制车间设备布置平面图。

② 初步测试车间内的噪声波动情况，以确定是否需进行分区测定。

③ 根据工业企业噪声测定的布点原则确定测点位置，并在车间设备布置平面图上进行标识。

④ 对各测定点的声功率级进行测定，每个点的测量时间视具体情况而定。当噪声源为稳态噪声时，测量 A 声级，记作 dB（A），将数据记录在表 3-4 中。若噪声源为非稳态噪声，则测量等效连续 A 声级，将数据记录在表 3-4 中；或测量不同 A 声级下的暴露时间，用中心声级表示相应声级，并将暴露时间记录于表 3-2 中，并计算等效连续 A 声级。

⑤ 进行第二轮，即重复④的步骤。

⑥ 比较两轮得出的声功率级，如果相差在 3～5dB 之内，则实验数据有效。

(3) 噪声测量注意的问题

产生噪声的原因是多种多样的，噪声测量的环境和要求也不相同。能否获得精确的结果，不但与测量方法、仪器有关系，而且与测量过程中的时间、环境、部位等也有关系。

① 测量部位的选取。传声器与被测机械噪声源的相对位置对测量结果有显著影响，在进行数据比较时必须标明传声器离开噪声源的距离，测点一般按下列原则选取。

根据我国噪声测量规范，一般测点选在距机械表面 1.5m，并离地面 1.5m 的位置。若机械本身尺寸很小（如小于 0.25m），测点应距所测机械表面较近，如 0.5m，但应注意测点与测点周围反射面相距在 2～3m 以上。机械噪声大，测点宜取在相距 5～10m 处。对于行驶的机动车辆，测点应距车体 7.5m，并高出地面 1.2m。相邻很近的两个噪声源，测点宜距所需测量的噪声源很近，如 0.2m 或 0.1m。

如果研究噪声对操作人员的影响，可把测点选在工作人员经常活动的位置，以人耳的高度为标准选择若干个测点。

作为一般噪声源，测点应在所测机械规定表面的四周均布，且不少于 4 个点。如相邻测点测出声级相差 5dB 以上，应在其间增加测点，噪声声级应取各测点的算术平均值。如果机械噪声不是均匀地向各方向辐射，除了找出 A 声级最大的 1 个点作为评价该机械噪声的主要依据外，同时还应当测出若干个点（一般多于 5 个点）作为评价的参考。

② 测量时间的选取。测量各种动态设备的噪声，当测量最大值时，应取启动时或工作条件变动时的噪声，当测量正常平均噪声时，应取平稳工作时的噪声，当周围环境的噪声很大时，应选择环境噪声最小时（比如深夜）测量。

③ 本底噪声的修正。所谓本底噪声，是指被测定的噪声源停止发声时，其周围环境的噪声。测量时，应当避免本底噪声对测量的影响。

被测对象噪声出现后，所测噪声是被测对象噪声和本底噪声的合成。在存在本底噪声的环境里，被测对象的噪声无法直接测出，可采取从测到的合成噪声中减去本底噪声的方法。

④ 干扰的排除。噪声测量所用电子仪器的灵敏度，与供电电压有直接关系，电源电压如达不到规定范围，或者工作不稳定，将直接影响测量的准确性，这时就应当使用稳压器或者更换电源。

进行噪声测量时，要避免气流的影响。若在室外测量，最好选择无风天气，风速超过四级以上时，可在传声器上戴上防风罩或包上一层绸布。在管道里测量时，在气流大的部位（如管口）也应如此。在空气动力设备排气口测量时，应避开风口和气流。

测量时，还应注意反射所造成的影响，应尽可能地减少或排除噪声源周围的障碍物，在不能排除时要注意选择测点的位置。

用声级计测量时，其传声器取向不同，测量结果也有一定的误差，因而，各测点都要保持同样的入射方向。

3.2.5 实验数据记录

实验日期：　年　月　日

测量时段：

气象状态：　温度：　　相对湿度：　　风速：

噪声测量设备型号：

绘制车间设备布置平面图和测点示意图，并按表 3-2～表 3-4 记录实验数据。

表 3-2　企业噪声监测暴露时间记录表

<table>
<tr><td rowspan="3">暴露时间
t/min</td><td colspan="7">中心声级 L_A/dB(A)</td><td rowspan="3">等效连续
A 声级
L_{eq}/dB(A)</td></tr>
<tr><td>80
(78～82)</td><td>85
(83～87)</td><td>90
(88～92)</td><td>95
(93～97)</td><td>100
(98～102)</td><td>105
(103～107)</td><td>110
(108～112)</td></tr>
<tr><td>1</td><td>2</td><td>3</td><td>4</td><td>5</td><td>6</td><td>7</td></tr>
<tr><td></td><td></td><td></td><td></td><td></td><td></td><td></td><td></td><td></td></tr>
<tr><td></td><td></td><td></td><td></td><td></td><td></td><td></td><td></td><td></td></tr>
<tr><td>备注</td><td></td><td></td><td></td><td></td><td></td><td></td><td></td><td></td></tr>
</table>

表 3-3　工业企业机器噪声源测量记录表

<table>
<tr><td colspan="2">测点 L_{eq}/dB(A)</td><td>1</td><td>2</td><td>3</td><td>4</td><td>5</td><td>6</td></tr>
<tr><td rowspan="3">1</td><td>背景噪声</td><td></td><td></td><td></td><td></td><td></td><td></td></tr>
<tr><td>实测值</td><td></td><td></td><td></td><td></td><td></td><td></td></tr>
<tr><td>修正值</td><td></td><td></td><td></td><td></td><td></td><td></td></tr>
<tr><td rowspan="3">2</td><td>背景噪声</td><td></td><td></td><td></td><td></td><td></td><td></td></tr>
<tr><td>实测值</td><td></td><td></td><td></td><td></td><td></td><td></td></tr>
<tr><td>修正值</td><td></td><td></td><td></td><td></td><td></td><td></td></tr>
</table>

表 3-4　工业企业生产环境噪声测量记录表

<table>
<tr><td colspan="2">测量地点</td><td colspan="6"></td></tr>
<tr><td colspan="2">测量时间</td><td colspan="2"></td><td colspan="2">测量人</td><td colspan="2"></td></tr>
<tr><td rowspan="4">测量及校准仪器</td><td colspan="2" rowspan="2">名称</td><td rowspan="2">型号</td><td colspan="2">声压级校准值/dB</td><td colspan="2" rowspan="2">备注</td></tr>
<tr><td>测量前</td><td>测量后</td></tr>
<tr><td colspan="2"></td><td></td><td></td><td></td><td colspan="2"></td></tr>
<tr><td colspan="2"></td><td></td><td></td><td></td><td colspan="2"></td></tr>
<tr><td rowspan="5">生产设备</td><td>名称</td><td colspan="2">型号</td><td>功率</td><td>运转台数和总台数</td><td colspan="2">备注</td></tr>
<tr><td></td><td colspan="2"></td><td></td><td></td><td colspan="2"></td></tr>
<tr><td></td><td colspan="2"></td><td></td><td></td><td colspan="2"></td></tr>
<tr><td></td><td colspan="2"></td><td></td><td></td><td colspan="2"></td></tr>
<tr><td></td><td colspan="2"></td><td></td><td></td><td colspan="2"></td></tr>
<tr><td colspan="2">测点编号</td><td>1</td><td>2</td><td>3</td><td>4</td><td>5</td><td>6</td></tr>
<tr><td colspan="2">测点具体位置</td><td></td><td></td><td></td><td></td><td></td><td></td></tr>
<tr><td rowspan="2">声级/dB</td><td>L_A</td><td></td><td></td><td></td><td></td><td></td><td></td></tr>
<tr><td>L_{eq}</td><td></td><td></td><td></td><td></td><td></td><td></td></tr>
<tr><td colspan="8">设备分布及测点分布示意图(注明车间尺寸)</td></tr>
<tr><td colspan="8"></td></tr>
</table>

3.2.6 思考题

① 依据实验原理，设计出工业企业车间噪声源及噪声的现场测定实验方案，分析工业企业车间噪声源及噪声测试数据的处理与测定结果。

② 查阅《工业企业噪声控制设计规范》(GB/T 50087)，根据所测定结果对车间的噪声污染程度做出评价，并在此基础上提出可行的改进方案或建议。

第 4 章

电气安全检测技术

4.1 绝缘电阻测量与绝缘分析

4.1.1 实验目的

① 了解绝缘结构的绝缘性能。

② 了解绝缘产品绝缘处理质量。

③ 了解绝缘受潮及受污染情况。

④ 检验电气设备是否可通电运行。

⑤ 检验绝缘是否可承受耐电压试验。

4.1.2 实验设备

兆欧表，万用表，发电机，电动机（或其他用电设备），连接导线。

4.1.3 实验原理

绝缘电阻是衡量绝缘性能优劣的最基本指标。在绝缘结构的制造和使用中，经常需要测定其绝缘电阻。通过绝缘电阻的测定，可以在一定程度上判定某些电气设备的绝缘好坏，判断某些电气设备（如电动机、变压器）的受潮情况等，以防因绝缘电阻降低或损坏而造成漏电、短路、电击等电气事故。

（1）绝缘电阻的测量

绝缘材料的电阻可以用比较法（属于伏安法）测量，也可以用泄漏法来进行测量，但通常用兆欧表（摇表）测量。这里仅就应用兆欧表测量绝缘材料的电阻进行介绍。

兆欧表主要由作为电源的手摇发电机（或其他直流电源）和作为测量结构的磁电式流比计（动线圈流比计）组成。测量时，给被测物加上直流电压，测量其通过的泄漏电流，在表的盘面上读到的是经过换算的绝缘电阻值。

磁电式流比计的工作原理如图 4-1 所示。在同一转轴上装有两个交叉的线圈，当两线圈通有电流时，两个线圈分别产生互为反方向的转矩。其大小分别为：

$$M_1=K_1f_1(\alpha)I_1 \tag{4-1}$$

$$M_2=K_2f_2(\alpha)I_2 \tag{4-2}$$

式中 K_1，K_2——比例常数；

I_1，I_2——通过两个线圈的电流，A；

α——线圈带动指针偏转的偏转角，(°)。

当 $M_1 \neq M_2$ 时，线圈转动，指针偏转。当 $M_1=M_2$ 时，线圈停止转动，指针停止偏转，且两电流之比与偏转角满足如下的函数关系：

$$\frac{I_1}{I_2}=Kf_3(\alpha) \tag{4-3}$$

兆欧表的测量原理如图 4-2 所示。在接入被测电阻 R_x 后，构成了两条相互并联的支路，当摇动手摇发电机时，两个支路分别通过电流 I_1 和 I_2，可以看出：

$$\frac{I_1}{I_2}=\frac{R_2+r_2}{R_1+r_1+R_x}=f_4(R_x) \tag{4-4}$$

考虑到两电流之比与偏转角满足的函数关系，不难得出：

$$\alpha=f(R_x) \tag{4-5}$$

可见，指针的偏转角 α 仅仅是被测绝缘电阻 R_x 的函数，而与电流电压没有直接关系。

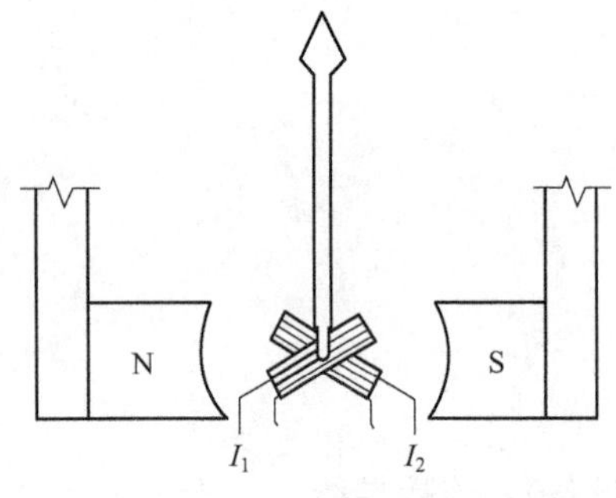

图 4-1 磁电式流比计的工作原理

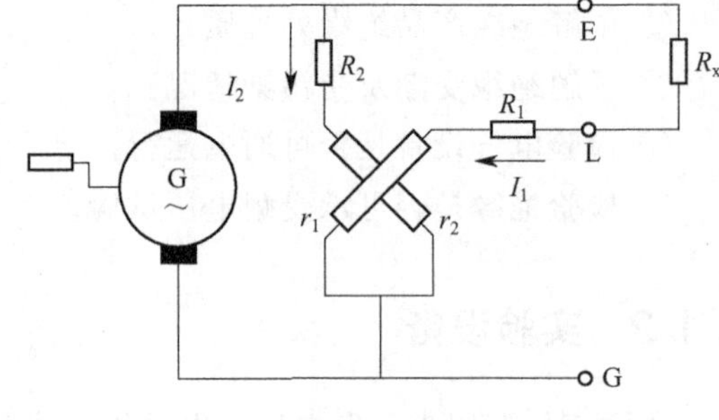

图 4-2 兆欧表测量原理

在兆欧表上有三个接线端钮，分别标为接地 E、线路 L 和屏蔽 G。一般测量仅用 E、L 两端，E 通常接地或接设备外壳，L 接被测线路，电机、电器的导线或电机绕组。测量电缆芯线对外皮的绝缘电阻时，为消除芯线绝缘层表面漏电引起的误差，还应在绝缘表面包以铝箔，并使之与 G 端连接，如图 4-3 所示。这样就使得流经绝缘表面的电流不再经过流比计的测量线圈，而是直接流经 G 端构成回路，所以，测得的绝缘电阻只是电缆绝缘的体积电阻。

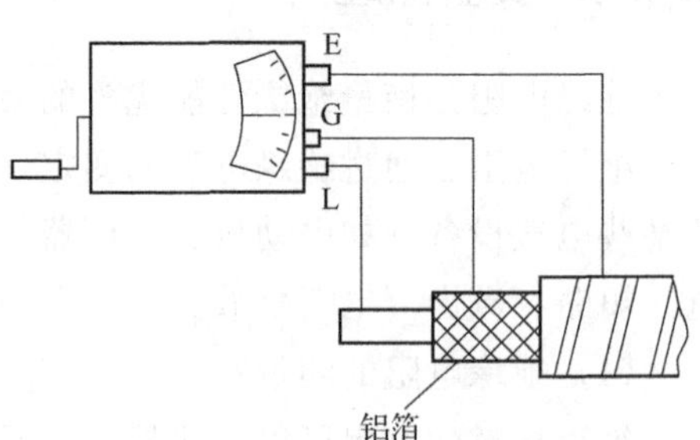

图 4-3 电缆芯线对外皮绝缘电阻的测量

使用兆欧表测量绝缘电阻时，应注意下列事项：

① 应根据被测物的额定电压正确选用不同电压等级的兆欧表。所用兆欧表的工作电压

应高于绝缘物的额定工作电压。一般情况下，测量额定电压500V以下的线路或设备的绝缘电阻，应采用工作电压为500V或1000V的兆欧表；测量额定电压500V以上的线路或设备的绝缘电阻，应采用工作电压为1000V或2500V的兆欧表。

② 与兆欧表端钮接线的导线应用单线，单独连接，不能用双股绝缘导线，以免测量时因双股线或绞线绝缘不良而引起误差。

③ 测量前，必须断开被测物的电源，并进行放电；测量结束也应进行放电。放电时间一般不应短于2～3min。对于高电压、大电容的电缆线路，放电时间应适当延长，以消除静电荷，防止发生触电危险。

④ 测量前，应对兆欧表进行检查。首先，使兆欧表端钮处于开路状态，转动摇把，观察指针是否在“∞”位；然后，将E和L两端短接起来，慢慢转动摇把，观察指针是否迅速指向“0”位。

⑤ 进行测量时，摇把的转速应由慢至快，到120r/min左右时，发电机输出额定电压，摇把转速应保持均匀、稳定，一般摇动1min左右，待指针稳定后再进行读数。

⑥ 测量过程中，如指针指向“0”，表明被测物绝缘失效，应停止转动摇把，以防表内线圈发热烧坏。

⑦ 禁止在雷电时或邻近设备带有高电压时用兆欧表进行测量工作。

⑧ 测量应尽可能在设备刚刚停止运转时进行。由于测量时的温度条件接近运转时的实际温度，使测量结果符合运转时的实际情况。

（2）吸收比的测定

对于电力变压器、电力电容器、交流电动机等高压设备，除测量绝缘电阻之外，还要求测量其吸收比。吸收比是加压测量开始后60s时读取的绝缘电阻值与加压测量开始后15s时读取的绝缘电阻值之比。根据吸收比的大小可以对绝缘受潮程度和内部有无缺陷存在再进行判断。这是因为，绝缘材料加上直流电压时，都有一充电过程，在绝缘材料受潮或内部有缺陷时，泄漏电流增加很多，同时充电过程加快，吸收比较小，接近于1；绝缘材料干燥时，泄漏电流小，充电过程慢，吸收比明显增大。例如，干燥的发电机定子绕组，在10～30℃时的吸收比远大于1.3。吸收比原理如图4-4所示。

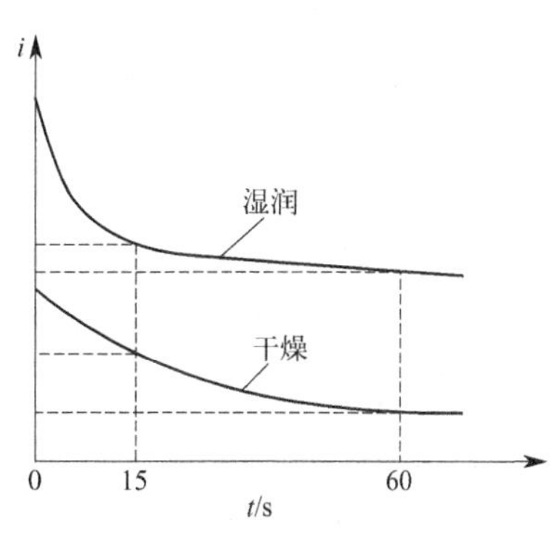

图4-4　吸收比原理

（3）绝缘电阻指标

绝缘电阻随线路和设备的不同，其指标要求也不一样。一般而言，高压较低压要求高，新设备较老设备要求高，室外设备较室内设备要求高，移动设备较固定设备要求高等。以下为几种主要线路和设备应达到的绝缘电阻值。

① 新装或大修后的低压线路和设备，要求绝缘电阻不低于0.5MΩ；运行中的线路和设备，要求可降低为每伏工作电压不小于1MΩ；安全电压（220V）下工作的设备，不得低于0.22MΩ；在潮湿环境中，要求可降低为每伏工作电压0.5MΩ。

② 携带式电气设备的绝缘电阻不应低于2MΩ。

③ 配电盘二次线路的绝缘电阻不应低于1MΩ；在潮湿环境中，允许降低为0.5MΩ。

④ 10kV 高压架空线路每个绝缘子的绝缘电阻不应低于 300MΩ；35kV 及以上的不应低于 500MΩ。

⑤ 运行中 6～10kV 和 3kV 电力电缆的绝缘电阻分别不应低于 400～1000MΩ 和 600～1500MΩ。干燥季节取较大的数值；潮湿季节取较小的数值。

⑥ 电力变压器投入运行前，绝缘电阻应不低于出厂时的 70%。运行中的绝缘电阻可适当降低。

4.1.4 实验步骤

（1）测试对象

① 电机、电动工具、家用和类似用途的电器。测量绕组相间、绕组对地（机壳）、金属零件与带电零件之间，双重绝缘结构（即Ⅱ类电器）中基本绝缘与带电体隔开的金属零件与壳体之间。

② 低压电器。

a. 主触头在断开位置时，同极的进线端与出线端之间；

b. 主触头在闭合位置时，不同极的带电部件之间、触头与线之间、主电路与控制和辅助电路（包括线图）之间；

c. 主电路、控制和辅助电路中，各带电部件与金属支架之间。

③ 电子测量仪器与电网电源连接的电路，包括与此等同地连接到带电的测量电压或控制电压的电路；或连接到提供带电的测量电压或控制电压的电路，以及与上述各电路没有足够绝缘的电路和部件，分别与仪器外部可触及的导电部分和机壳之间。

（2）接线方法

① 绕组对地绝缘电阻测量。将兆欧计（表）的“接地”端（E）接被试品铁芯（或外壳）；“线路”端（L）依次与被测绕组的线端相接。

② 绕组相间绝缘电阻测量。将兆欧计“接地”端（E）和“线路”端（L）分别与被测绕组各相的端子相接。

③ 带电部件对地绝缘电阻测量。同绕组对地绝缘电阻测量接线方法。

④ 不同极带电部件之间绝缘电阻测量。同绕组相间绝缘电阻测量接线方法。

（3）操作方法

① 手摇发电机式兆欧计。

a. 校零和无穷大（∞）。兆欧计两接线端不接试品（即开路）时，摇动兆欧计，其指针应指向“∞”，若将 E 和 L 端接线短接，稍摇兆欧计手柄，其指针应立即摆向“0”处。此时表明，该兆欧计指示正常。

b. 操作方法。平稳匀速转动手柄，直至兆欧计达到额定转速（通常为 2r/s，若摇速高于额定转速，兆欧计内部的稳速装置即起作用，以保证兆欧计转速和输出电压的稳定），达到规定时间（通常为施加试验电压 1min，必要时可再施加 10min）后读取绝缘电阻值。

对电子测量仪器一般在稳定 5s 后读取测量值。

② 市电式或直流电源式兆欧计。

a. 插上电源，接通电源开关，指示灯起辉；

b. 选择工作电压，按下所需电压按钮；

c. 调节读数装置的无穷大调整器，使指针指向“∞”；

d. 用校验棒将“E”和“L”端短路，或同时按下所需电压按钮及调零按钮，调整调零旋盘，使指针指向“0”；

e. 将“E”和“L”端接至试品相应端子，测量 1min（或再测 10min 后读取绝缘电阻值）。

（4）测试注意事项

① 对运行中的电气设备，测量其绝缘电阻时，应先将设备退出运行状态，并在绕组温度降至室温之前迅速测量，防止因绝缘表面凝露受潮而影响测量值；

② 电子测量仪器应处于非工作状态，仪器开关置于接通位置的绝缘电阻，测量时与被试部分无关的电路或元件应予以断开；

③ 电气设备中，运行时直接与机壳相连，或通过保护电容器等与机壳连接的绕组，当测量其绝缘电阻时，需先将绕组与机壳或与电容器等断开；

④ 对绕线转子电机，应分别测量定子绕组和转子绕组的绝缘电阻；

⑤ 对多速多绕组电动机，应测量每一绕组的绝缘电阻；

⑥ 为避免测量连接线因绝缘不良而影响测量值，应经常检查连接线的绝缘，并不使其互相扭绞。

4.1.5 实验数据记录

记录被测对象的实测结果，填入表 4-1。

表 4-1 试品绝缘电阻测量数据表

项目名称	绝缘电阻值/MΩ	项目名称	绝缘电阻值/MΩ
A-N		A-B	
B-N		A-C	
C-N		B-C	

注：低压电器产品通常均为施加 1min 实验电压后的测量值。电子测量仪器在施加稳定 5s 的测量值作为实验判别依据。

4.1.6 思考题

将实测结果与低压线路和电器的绝缘电阻最小限值进行比较，分析判别其是否符合绝缘要求。

4.2 接地电阻测量实验

4.2.1 实验目的

① 了解接地电阻测量仪的工作原理。

② 学会用接地电阻测量仪测量接地电阻。

③ 通过接地电阻的测量，进一步了解接地电阻与离开接地体的距离之间的关系。

④ 通过测量复合接地体的接地电阻，了解接地体利用系数的意义。

4.2.2 实验设备

接地电阻测量仪，皮尺，锉刀，小锤，导线（双管连接用），干电池。

4.2.3 实验原理

测量接地电阻广泛应用的方法是接地电阻测量仪测量法。接地电阻测量仪的内部接线如图 4-5 所示。

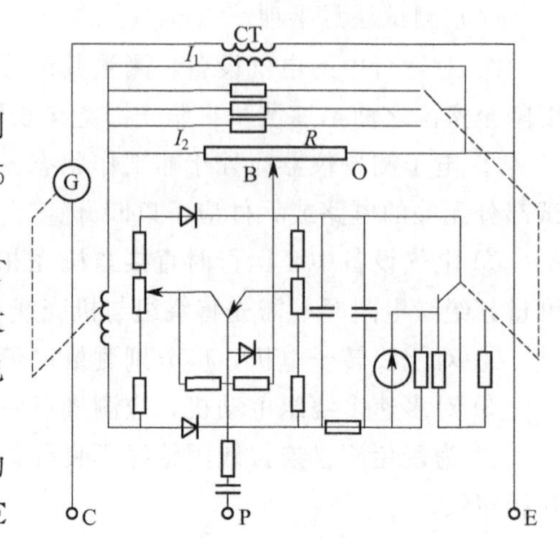

图 4-5 接地电阻测量仪内部接线

电流 I_1 从发电机的一端经过电流互感器 CT 的一次绕组、接地体 E、大地和电流极 C 而回到发电机的另一端。由电流互感器二次绕组产生的电流 I_2 从绕组的一端经过电位器 R 回到另一端。

当检流计指针偏转时，借助调节电位器 R 的接触点“B”，使指针回到平衡位置。此时，P 和 E 之间的电位差是与电位器 R 的 B 和 O 之间的电位差相等的。因此，如果与 B 点联动的标度盘满刻度为 10，当读数为 N，即有下列方程式：

$$I_1 R_n = I_2 R \frac{N}{10} \tag{4-6}$$

或

$$R_n = \frac{I_2}{I_1} \times \frac{RN}{10} \tag{4-7}$$

若使 $I_2 = I_1$，则：

$$R_n = R \frac{N}{10} \tag{4-8}$$

若使 $I_2 = \frac{I_1}{10}$，则：

$$R_n = R \frac{N}{100} \tag{4-9}$$

这就使量限按 1/10 的比率递减。I_2 的改变是借助于量限开关实现的，可以得到两个不同的量限，即 0～10Ω、0～100Ω。

仪表的发电机频率为 90～98Hz，可以避免市电的杂散电流干扰。在检流计电路中接入电容器，从而在测试时不受大地的直流影响。

当仪表发电机的摇把以 120r/min 的转速转动时，便产生交流电流，若采用数字式接地电阻测量仪时，则由干电池提供直流电流（手摇式和数字式接地电阻测量仪接线方式分别如图 4-6、图 4-7 所示）。

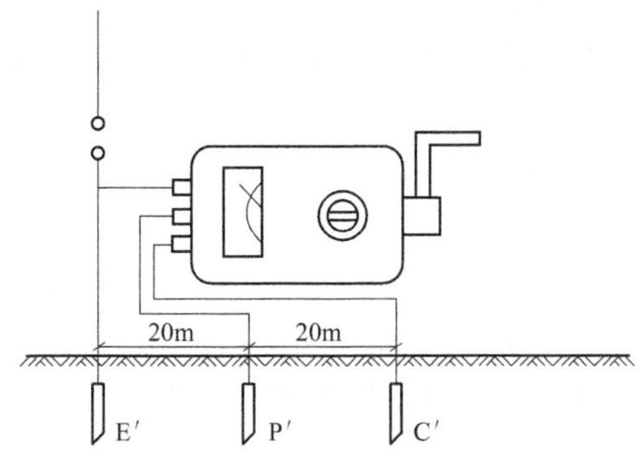

图 4-6　手摇式接地电阻测量仪接线示意图

E′—被测接地体；P′—电压极；C′—电流极

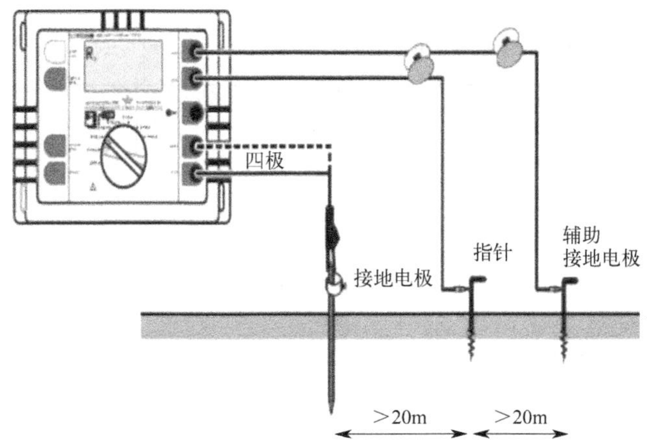

图 4-7　数字式接地电阻测量仪接线示意图

4.2.4　实验步骤

（1）单管接地电阻的测量

① 沿被测接地体 E′使电压极 P′和电流极 C′依直线彼此相距 20m，且电压极 P′插于接地体 E′和电流极 C′之间。

② 用导线将 E′、P′、C′连于仪表相应端钮。

③ 将仪表放置水平位置，检查检流计的指针是否指于中心线上，否则，可用零位调节器将其调整，使之指于中心线上。

④ 将倍率标度盘拨于乘 10 倍数挡，慢慢转动发电机的摇把，同时转动测量标度盘，以使检流计的指针指于中心线上。

⑤ 当检流计的指针接近中心线时，加快发电机摇把的转速，使其达到 120r/min 以上，调整测量标度盘，使指针指于中心线上。

⑥ 如测量标度盘的读数小于 1 时，应将倍率标度盘置于乘 1 的倍数挡，再重新调整测量标度盘，以得到正确读数。

⑦ 用测量标度盘的读数乘以倍率标度的倍数即为所测的电阻值。在 $S=20$m 处所测得

的电阻值即为该被测接地体的接地电阻 R。

⑧ 为考察接地电阻与距离 S 的关系，分别将电压极移至 14m、8m、4m 等（实验数据记入表 4-2）。

依次测出 R_n 值，然后根据式(4-10)，求出各处的 R_∞ 值。

$$R_\infty = R - R_n \tag{4-10}$$

式中 R_∞——被测接地体从电压极处到无限远处（实际中 $S>20$m 即可）的接地电阻，Ω；

R——被测接地体的接地电阻，Ω；

R_n——被测接地体从接地体到电压极处的接地电阻，Ω。

（2）双管接地电阻的测量

接地体的连接如图 4-8 所示，两管之间距离 L 约为接地体的长度，测量步骤与单管相同。

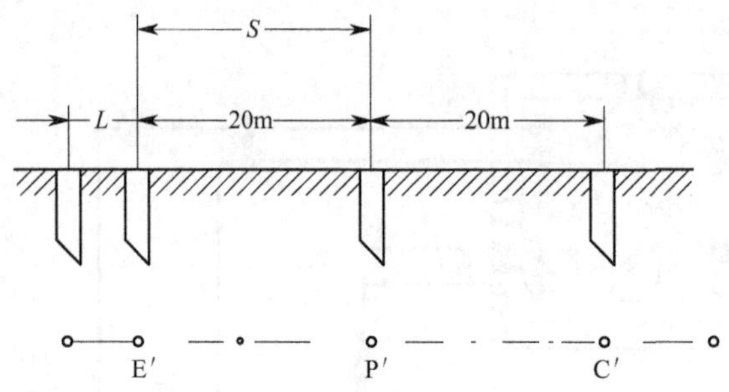

图 4-8 双管接地电阻的测量接线图

（3）计算土壤电阻系数

$$\rho = \frac{2\pi LR}{\ln(4L/d)} \tag{4-11}$$

（4）计算双管接地体的利用系数

$$\eta = \frac{R_{单}}{nR_{双}} \tag{4-12}$$

式中 $R_{单}$——单管接地体的接地电阻，Ω；

$R_{双}$——双管接地体的接地电阻，Ω；

n——管子的根数。

4.2.5 实验数据记录

① 将测量结果填入表 4-2。

表 4-2 接地电阻实验结果记录表 单位：Ω

S/m		单管：R_n	单管：$R_\infty=R-R_n$	双管：R_n	双管：$R_\infty=R-R_n$
S	20	$R=$		$R=$	
S_1	14				
S_2	8				
S_3	4				

续表

S/m		单管：R_n	单管：$R_\infty=R-R_n$	双管：R_n	双管：$R_\infty=R-R_n$
S_4	3				
S_5	2				
S_6	1				
S_7	0.8				
S_8	0.6				
S_9	0.4				
S_{10}	0.3				
S_{11}	0.2				
S_{12}	0.15				
S_{13}	0.1				
S_{14}	0.05				
S_{15}	0.02				

② 根据测量结果，画出单管接地体的 R_∞-S 关系曲线。

4.2.6　思考题

① 在测接地电阻时，有哪些因素造成接地电阻测量不准确？如何避免？

② 为什么在测量接地电阻时，要求测量线分别为 20m 和 40m？如何定义零电位的远方接地极？

4.3　电网安全性分析实验

4.3.1　实验目的

① 理解三相电网的运行条件对人体触电危险性的影响。

② 掌握接地电网和不接地电网的安全条件。

4.3.2　实验设备

模拟电网实验板，万用电表，9V 干电池，导线。

4.3.3 实验原理

在工业上应用最广的是三相电网，很大部分的触电事故是在三相电网中发生的。而其中绝大部分是单相触电事故。这种触电的危险性与三相电网对地运行情况有关。

实验由三个小型单相交压器（220V/6.3V）按Y0/Y（或Y0/Y0）接法接成三相变压器组，原边接三相电源，副边作为模拟的低压三相供电线路，如图4-9所示。

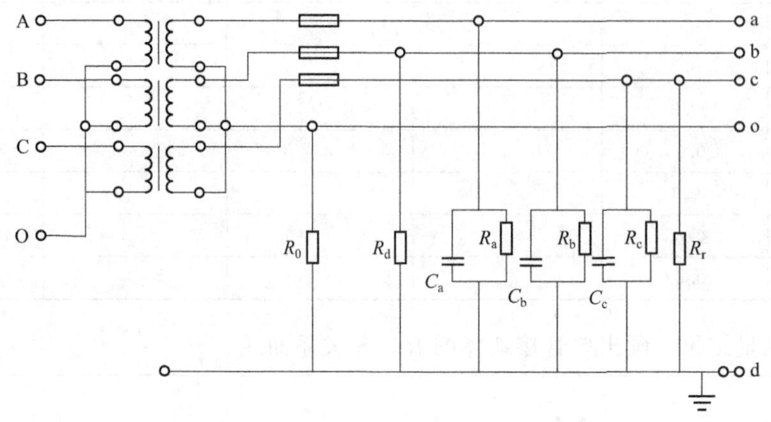

图4-9 低压三相供电线路

电阻R_0为模拟中性点接地电阻（工作接地电阻）。R_d为模拟故障接地电阻。R_a、C_a、R_b和C_b、R_c、C_c分别为a、b、c三条相线与模拟大地之间的绝缘电阻和分布电容。

当$R_0=\infty$时，为不接地电网。

当$R_0=2\Omega$（或4Ω）时，为接地电网。

当$R_d=\infty$时，为无故障接地。

当$R_r=\infty$时，为未发生单相触电情况。

变化图4-9中各模拟参数，形成不同条件的电网，通过测量变化前后人体上的电压U_r（U_{od}）以及其他电压，得出I_r（$I_r=\frac{U_r}{R_r}$），可分析比较在不同条件下人体触电的危险性。

4.3.4 实验步骤

（1）不接地电网无故障接地时触电的危险性

① 测量相电压、线电压，测量结果见表4-3。

测量条件：$R_0=\infty$，$R_d=\infty$，$R_r=\infty$。

表4-3 相电压、线电压测量结果记录表

U_{ao}	U_{bo}	U_{co}	U_{ab}	U_{bc}	U_{ca}

② 电网情况见图4-10，完成如下测定。

测量条件：$R_0=\infty$，$R_d=\infty$。

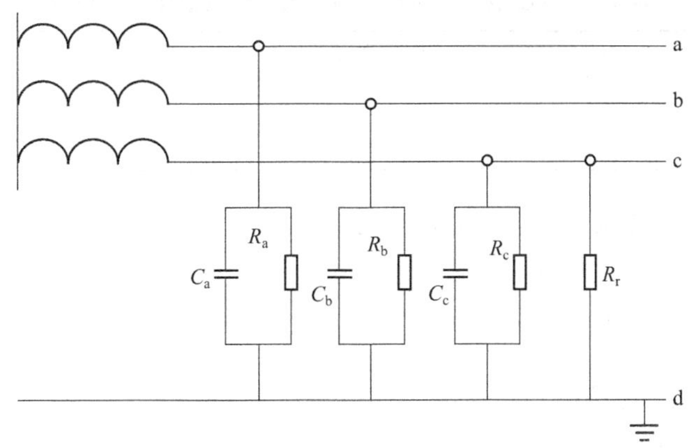

图 4-10　不接地电网无故障接地的电网情况

a. $R_r=3k\Omega$，测量结果见表 4-4。

表 4-4　$R_r=3k\Omega$ 时的相电压测量结果记录表

R_a、R_b、R_c	C_a、C_b、C_c	$U_{cd}(U_r)$	I_r 计算值	U_{ad}	U_{bd}
0.5MΩ	0.1μF				
0.1MΩ	0.2μF				

b. $R_r=1k\Omega$，测量结果见表 4-5。

表 4-5　$R_r=1k\Omega$ 时的相电压测量结果记录表

R_a、R_b、R_c	C_a、C_b、C_c	$U_{cd}(U_r)$	I_r 计算值	U_{ad}	U_{bd}
0.5MΩ	0.1μF				
0.1MΩ	0.2μF				

(2) 不接地电网中有一相接地时触电的危险性

电网情况见图 4-11，完成如下测定，测量结果见表 4-6。

测量条件：$R_0=\infty$，$R_r=1k\Omega$，$R_a(R_b、R_c)=0.5M\Omega$，$C_a(C_b、C_c)=0.1\mu F$。

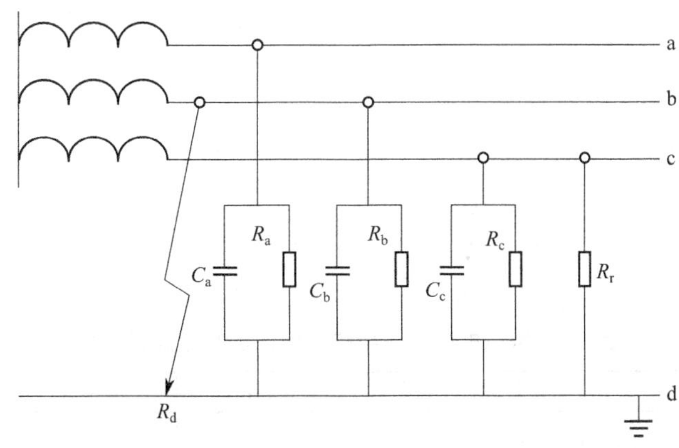

图 4-11　不接地电网中有一相接地的电网情况

表 4-6　不接地电网中有一相接地时的测量结果记录表

R_d	$U_{cd}(U_r)$	I_r 计算值	U_{ad}	U_{bd}
0				
100Ω				

（3）接地电网无故障接地时触电的危险性

电网情况见图 4-12，完成如下测定。

测量条件：$R_d=\infty$，$R_0=4\Omega$。

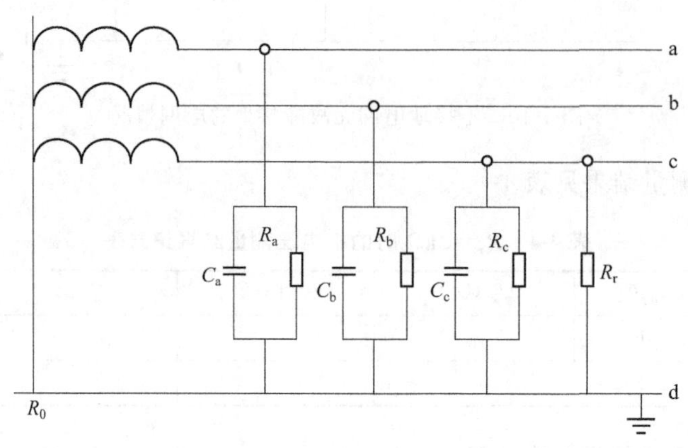

图 4-12　接地电网无故障接地的电网情况

a. $R_r=3\text{k}\Omega$，测量结果见表 4-7。

表 4-7　$R_r=3\text{k}\Omega$ 时的测量结果记录表

R_a、R_b、R_c	C_a、C_b、C_c	$U_{cd}(U_r)$	I_r 计算值	U_{ad}	U_{bd}
0.5MΩ	0.1μF				
0.1MΩ	0.2μF				

b. $R_r=1\text{k}\Omega$，测量结果见表 4-8。

表 4-8　$R_r=1\text{k}\Omega$ 时的测量结果记录表

R_a、R_b、R_c	C_a、C_b、C_c	$U_{cd}(U_r)$	I_r 计算值	U_{ad}	U_{bd}
0.5MΩ	0.1μF				
0.1MΩ	0.2μF				

（4）接地电网有一相接地时触电的危险性

电网情况见图 4-13，完成如下测定，测量结果见表 4-9。

测量条件：$R_r=1\text{k}\Omega$，$R_a(R_b、R_c)=0.5\text{M}\Omega$，$C_a(C_b、C_c)=0.1\mu\text{F}$。

表 4-9　接地电网有一相接地时的测量结果记录表

R_0	R_d	$U_{cd}(U_r)$	I_r 计算值	U_{ad}	U_{bd}
4Ω	10Ω				
2Ω	10Ω				
2Ω	51Ω				

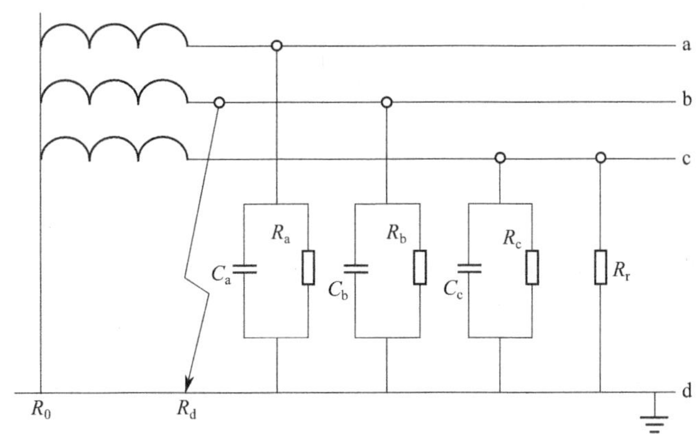

图 4-13　接地电网有一相接地的电网情况

4.3.5　实验数据记录

① 计算各种情况下通过模拟人体的电流 I_r 的值。

② 分析各变化参数对人体触电危险性的影响。

③ 比较接地电网和不接地电网的安全性。

4.3.6　思考题

假如此模拟电网的相电压不是 6.3V，而是 220V，各种情况下通过模拟人体的电流 I_r 值将变为多少？

4.4　静电测量与静电消除实验

4.4.1　实验目的

① 了解静电的产生与特点。

② 学会使用静电测量仪测量静电电压和静电荷量。

③ 学会使用静电消除器消除静电。

④ 掌握静电测量和静电中和法防护技术的基本原理。

4.4.2　实验设备

静电发生器，静电电压表，静电电荷量表，静电消除器。

4.4.3　实验原理

① 测量表面电位，采用非接触式仪表测量，有电容分压式和电阻分压式两大类。前者在测量探极与带电体之间设置一定的电容，后者则设置一定的电阻，由测盘等值电路可知，

两种方法的探极电位 U_d 分别为：

$$U_d=\frac{C_1}{C_1+C_2}U \tag{4-13}$$

和

$$U_d=\frac{R_1}{R_1+R_2}U \tag{4-14}$$

式中，U 为带电电位，其他符号见图 4-14。

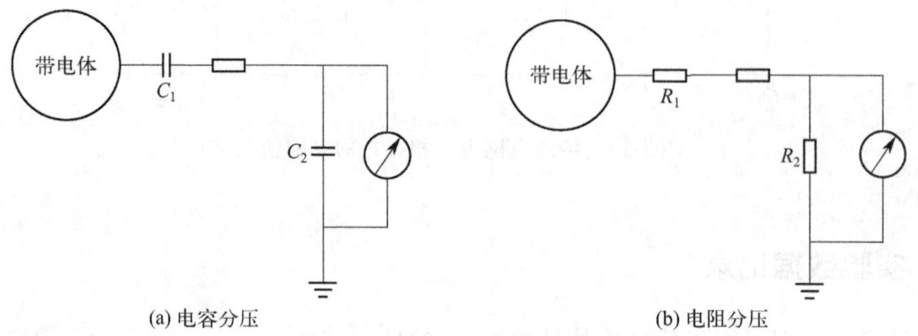

图 4-14　静电电压测量工作原理图

测量时，应先选择好量程，然后将测量探极慢慢接近被测带电体（其间应保持规定的测量距离）。探极上产生感应电压，检流计指针偏转，指示静电体对地电压的大小和极性。面电荷密度用非接触式仪表测量。如带电表面的背面邻近处没有其他电荷，其测量原理和等值电路如图 4-15 所示。用这种方法测量时，如果仪表指示的是带电体对地电位 U，则探极上的电量及与其相对的局部带电体上的电量均为：

$$Q=\frac{C_0C_m}{C_0+C_m}U \tag{4-15}$$

面电荷密度均为：

$$\sigma=\frac{Q}{S} \tag{4-16}$$

式中，S 为探极面积。

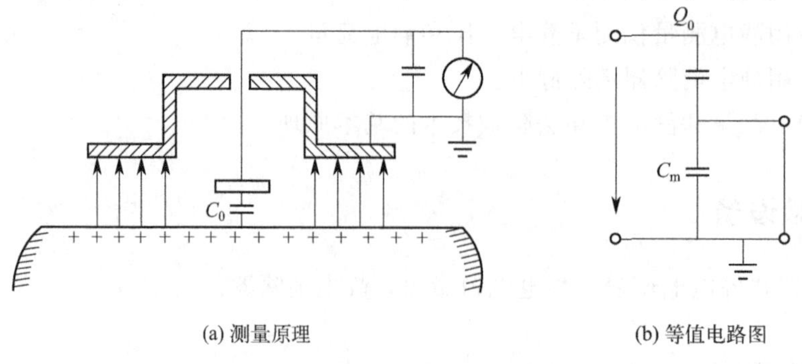

图 4-15　静电电荷测量

② 根据测得的静电电荷，即可分析被测带电体的静电安全界线。静电放电点燃界限可由放电能量来判别。导体间的放电能量可按式(4-17) 计算：

$$W=\frac{1}{2}CV^2 \tag{4-17}$$

式中　W——放电能量，J；

C——导体间的等效电容，F；

V——导体间的电位差，V。

当计算所得的放电能量大于可燃物的最小点燃能量时，就有引燃危险。

③ 静电测量时应注意以下几方面。

a. 选用使用方便、可靠性高的测量仪表。在爆炸危险场所测量时应选用防爆型仪表。

b. 测量前应仔细阅读仪表使用说明书，了解其测量原理和使用范围。

c. 测量前调零、调整灵敏度，并选择量程。

d. 为防止测量时放电，应使测量仪表的探头缓慢接近带电体，即使防爆型仪表也应如此。

e. 测量分析由测量导致引燃的危险。在排除引燃危险后再进行测量，并应事先考虑发生意外情况的应急措施。

4.4.4 实验步骤

① 在易产生静电的场所选好测量对象，用静电电压表和静电电荷量表分别测量固体带电物体的表面电位和面电荷密度。同一项目应测量数次，在复现性好的情况下，取其平均值和最大值。

② 记录被测带电物体的静电电压和电荷量数据。同时记录环境温度和相对湿度。将测量数据对照标准规定的安全界限，判别静电参数是否符合安全要求。

③ 在被测物体旁装设并启动静电消除器（被测物体应符合装设消除器条件），按时间分段运行，逐次记录带电物体静电电压和电量数据。

④ 关闭静电消除器，比较分段运行时静电压降低和电量减少的情况，估计该型静电消除器的效果。

4.4.5 思考题

① 通过查阅相关标准，列举出人体电位与静电电击程度的对应关系。

② 试阐述生产或作业场所静电的危害和常见消除静电的措施。

第5章

特种设备与安全检测技术

5.1 场（厂）内机动车辆安全操作模拟实验

5.1.1 实验目的

① 熟悉叉车和装载机各种仪器设备的使用方法。

② 掌握叉车和装载机基本理论和典型安全操作。

③ 掌握叉车的正向 8 字训练、反向 8 字训练、侧方位移训练、正向通道训练、反向通道训练、左右倒进车库训练、上坡起步训练、正向综合场地训练；掌握装载机的 8 字绕桩、侧方移位、公路剥土、移料作业、装车作业训练。

5.1.2 实验设备

WM-SE/ZC 装载机（叉车）仿真教学设备是根据特种设备作业人员考核标准（DL/T 5250—2010）开发而成的。模拟器如图 5-1 所示，操作系统界面如图 5-2 所示。

图 5-1 WM-SE/ZC 装载机（叉车）模拟器

图5-2　WM-SE/ZC装载机（叉车）操作系统界面

5.1.3　实验原理

（1）叉车

叉车种类繁多，但不论哪种类型的叉车，基本上都由动力部分、底盘、工作部分和电气设备四大部分构成。由于这四大部分的结构和安装位置的差异，形成了不同种类的叉车。

叉车动力部分的作用是供给叉车工作部分装卸货物和轮胎底盘运行所需的动力，一般装于叉车的后部，兼起平衡配重作用。底盘接受动力装置的动力，并保证其正常行走，它由传动系、行驶系、转向系、制动系组成，其中传动系是接受动力并把动力传递给行驶系的装置。叉车工作部分是直接承受全部货重，完成货物的叉取、升降、堆垛等工序的直接工作机构，由直接进行装卸作业的工作装置及操纵工作装置动作的液压传动系统组成。

（2）装载机

轮式装载机整机主要由动力系统、传动系统、工作装置、工作液压系统、转向液压系统、车架、操作系统、制动系统、电气系统、驾驶室、覆盖件、空调系统等构成。

装载机作为一个有机整体，其性能的优劣不仅与工作装置机械零部件性能有关，还与液压系统、控制系统性能有关。动力系统：装载机原动力一般由柴油机提供，柴油机具有工作可靠、功率特性曲线硬、燃油经济等特点，符合装载机工作条件恶劣、负载多变的要求；机械系统：主要包括行走装置、转向机构和工作装置；液压系统：把发动机的机械能以燃油为介质，利用油泵转变为液压能，再传送给油缸、油马达等转变为机械能；控制系统：对发动机、液压泵、多路换向阀和执行元件进行控制的系统。液压控制驱动机构是在液压控制系统中，将微小功率的电能或机械能转换为强大功率的液压能和机械能的装置。它由液压功率放大元件、液压执行元件和负载组成，是液压系统中进行静态和动态分析的核心。

5.1.4　实验步骤

5.1.4.1　叉车软件操作流程

（1）开机准备

① 观察设备外观是否有开裂。

② 检查设备各部件的固定件是否有松动。

③ 检查电缆线、插座、插头是否有破损或接触不实。

④ 检查设备各功能按钮是否完好。

⑤ 检查设备各操纵部件是否处于初始位置。

（2）设备开启

① 接通设备电源。

② 点亮高清显示器。

③ 按下散热开关，散热风扇工作（冬季时节可省略此步骤）。

④ 按下系统启动开关，PC 主机启动。

⑤“叉车模拟软件系统”自动运行。

（3）设备操作

开启设备，进行如下操作。

① 上下拨动视角调整，可在“叉车模拟操作系统、注销、关于、退出程序、关闭主机”中来回选择，选中某项后，踩下油门进入（例如：选择“叉车模拟操作系统”）。

② 依照前一步进入“叉车模拟操作系统”，上下拨动视角调整，可在“驾驶训练、作业训练、牵引机车训练、考核模式、参数设置、理论文档、视频资料、返回”中来回选择，选中某项后，踩下油门进入。

③ 依照前一步进入“驾驶训练”，上下拨动视角调整，可在“正向 8 字训练、反向 8 字训练、侧方位移训练、正向通道训练、反向通道训练、左右倒进车库训练、上坡起步训练、正向综合场地训练”中来回选择，选中某项后，踩下油门进入；其他（作业训练、牵引机车训练、考核模式、理论文档、视频资料等）操作方式同上，上下拨动视角调整进行选择，踩下油门进入。

④ 课题实操。依照叉车的安全操作规范，进行课题实操训练。

a. 点火：旋动点火开关，发动机工作。

b. 鸣笛两声，准备开动机器。

c. 释放手刹，踩下离合，调整组合开关上的行走挡位，机器可以行驶了。

d. 操纵货叉操纵杆，可升降货叉。

e. 操纵门架操纵杆，可前倾、后倾门架。

f. 操纵货叉平移操纵杆，可左右平移货叉。

g. 按下视角切换，选择合适的观察视角（驾驶室内视角、第三视角等）。

h. 拨动视角调整，微调观察视角（视角调整的功能：菜单选择、视角微调）。

i. 按退出按钮，弹出询问窗口，用视角调整，选择确定，可退出训练课题。

（4）设备关闭

① 按退出按钮，退出训练课题，返回菜单界面，用视角调整，选择“退出程序”，可退出系统或者“关闭主机”。

② 关闭高清显示器电源。

③ 关闭教师端，并切断设备电源。

5.1.4.2 装载机软件操作流程

（1）开机准备

① 观察设备外观是否有开裂。

② 检查设备各部件的固定件是否有松动。

③ 检查电缆线、插座、插头是否有破损或接触不实。

④ 检查设备各功能按钮是否完好。

⑤ 检查设备各操纵部件是否处于初始位置。

（2）设备开启

① 接通设备电源。

② 点亮高清显示器。

③ 按下散热开关，散热风扇工作（冬季时节可省略此步骤）。

④ 按下电源启动开关，PC 主机启动。

⑤“装载机模拟软件系统”自动运行。

（3）设备操作

① 项目选择。左右拨动中枢控制台的视角调整，可在“仿真训练、文本资料、图片资料、影像资料、理论考核”中来回选择，选中某项后，按下“确认”进入（例如：选择“仿真训练”）。

② 机器选择。依照前一步进入“仿真训练”项目，左右拨动视角调整，可在“50 装载机、30 装载机”中来回选择，选中某项后，按下“确认”进入。

③ 训练类型。依照前一步进入“机器选择”项目，左右拨动视角调整，可在“单机训练、协同训练”中来回选择，选中某项后，按下“确认”进入。

④ 训练课题。依照前一步进入“单机训练”，左右拨动视角调整，可在“8 字绕桩、侧方移位、公路剥土、上下板车、移料作业、找平作业、装车作业、抓取木料”8 个课题中来回选择，选中某课题后，按下“确认”进入；或者依照前一步进入“协同训练”，上下拨动视角调整，可在房间列表中选择某一训练房间，按下“确认”进入。

⑤ 课题实操。依照装载机的安全操作规范，进行课题实操训练。

a. 旋动点火开关，发动机工作。

b. 鸣笛两声，准备开动机器。

c. 释放手刹。

d. 踩下刹车，挂前进挡，松刹车，踩下油门，车辆前行。

e. 推动操纵杆，装载机大臂和铲斗动作。

f. 按视角切换，选择合适的观察视角（驾驶室内视角、第三视角等）。

g. 拨动视角调整，微调观察视角（视角调整的作用为菜单选择、视角微调）。

h. 按退出按钮，退出训练课题（退出的作用为退出课题、返回上级）。

（4）设备关闭

① 按退出按钮，退出训练课题，返回菜单界面，多次按下退出，可退出系统。

② 按下系统启动开关，PC 主机关闭。

③ 关闭高清显示器电源。

④ 关闭教师端。

⑤ 切断设备电源。

5.1.5 思考题

① 叉车在出发前为什么要调整门架和货叉的角度及高度？

② 试述在模拟装载机进行移料作业时存在的事故隐患。

③ 试阐述叉车和装载机的工作原理和操作流程。

5.2 桥（门）式起重机安全操作模拟实验

5.2.1 实验目的

① 熟悉桥（门）式起重机各种仪器设备的使用方法。

② 掌握桥（门）式起重机基本理论和典型安全操作。

③ 要求能够应用桥（门）式起重机进行典型基本操作，如定点停放、躲避障碍、起吊货物。

5.2.2 实验设备

WM-SE/BP 桥（门）式起重机模拟器由悬浮式座椅、驾驶座舱、底座平台、PC 系统、视频显示器、原装桥（门）式起重机联动台、急停按钮、360°视角调整摇杆、数据采集卡、中枢控制台及各种功能控制按钮组件等硬件，配以根据特种设备作业人员考核标准（DL/T 5250—2010）开发而成的软件组成。模拟器如图 5-3 所示，操作系统界面如图 5-4 所示。

图 5-3 WM-SE/BP 桥（门）式起重机模拟器

5.2.3 实验原理

（1）门式起重机工作原理

门式起重机由起升机构、小车运行机构和大车运行机构三个部分构成。一般正常的操作步骤为：首先是起吊动作，控制开动起吊装置，将空钩下降到合适的位置。然后起吊装置将物品上升到合适的高度，接着开动小车运行机构和大车运行机构到预定位置再停下来。再次开动起吊装置，将物品降下来，然后将空钩上升到合适的高度，把小车运行机构和大车运行

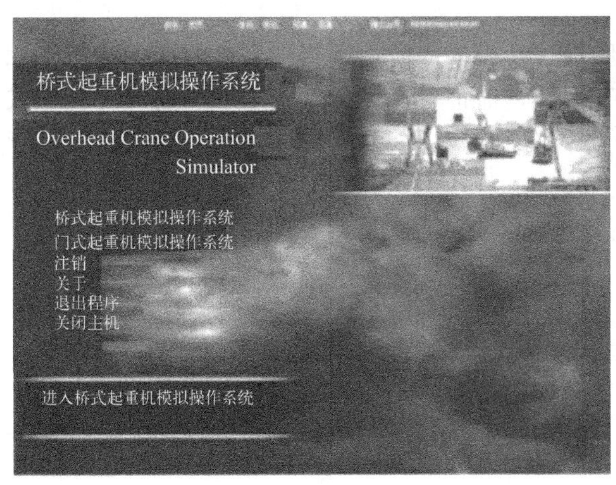

图 5-4　WM-SE/BP 桥（门）式起重机操作系统界面

机构控制运行到原来的位置，准备下一次吊运工作。

每次运送物品结束，接着要重复上一个过程，这个工作过程视为一个周期。在同一个周期内每个机构都不是同一时间在工作的，一般一个机构在工作中的时候，其他机构在停止，但是每个机构都至少要做一次正向运转和一次反向运转。

（2）桥式起重机工作原理

桥式起重机一般由装有大车运行机构的桥架、装有起升机构和小车运行机构的起重小车、电气设备、司机室等几个大部分组成。外形像一个两端支撑在平行的两条架空轨道上平移运行的单跨平板桥。起升机构用来垂直升降物品，起重小车用来带着载荷做横向运动；桥架和大车运行机构用来将起重小车和物品做纵向移动，在跨度内和规定高度内组成的三维空间里搬运和装卸货物。

5.2.4　实验步骤

（1）设备开启

① 接通设备电源。

② 点亮高清显示器。

③ 按下散热开关，散热风扇工作（冬季时节可省略此步骤）。

④ 按下系统启动开关，PC 主机启动。

⑤ 模拟操作系统自动运行。

（2）设备操作

开启设备后，进行如下操作。

① 前后推动左操纵主令可在“桥式或门式起重机模拟操作系统、注销、关于、退出程序、关闭主机”中来回选择，选中某项后，前推右操纵主令进入（例如：选择“桥式起重机模拟操作系统”）。

② 依照前一步进入“桥式起重机模拟操作系统”，前后推动左操纵主令，可在“训练模式、考核模式、信号指挥、理论文档、视频资料、返回”中来回选择，选中某项后，前推右

操纵主令进入。

③ 依照前一步进入“训练模式”，前后推动左操纵主令，可在“定点停放、障碍避让、起吊货物、指挥信号”中来回选择，选中某项后，前推右操纵主令进入；其他（考核模式、理论文档、视频资料等）操作方式同上，前后推动左操纵主令进行选择，前推右操纵主令进入。

④ 课题实操。依照起重机械考核训练器的安全操作规范，进行课题实操训练。

a. 接通启动开关，电机工作。

b. 鸣笛两声，准备开动机器。

c. 大车操作。向左推动左操纵主令，大车向左行走；向右推动左操纵主令，大车向右行走。

d. 小车操作。向前推动左操纵主令，小车向前行走；向后推动左操纵主令，小车向后行走。

e. 主钩操作。向前推动右操纵主令，主钩下降；向后推动右操纵主令，主钩起升。

f. 副钩操作。向左推动右操纵主令，副钩下降；向右推动右操纵主令，副钩起升。

g. 视角切换。接通视角切换开关，可选择合适的观察视角（驾驶室内视角、第三视角等）。

h. 视角调整。接通视角调整开关，可微调观察视角。

i. 按退出按钮，弹出询问窗口，用左操纵主令进行选择，选择“确定”后，前推右操纵主令，可退出正在进行的训练课题。

(3) 项目训练

以定点停放为例。

① 鸣笛。按下模拟器手柄旁鸣笛按钮。

② 通电。按下启动按钮。

③ 提起水桶。操作手柄控制移动方向，放下吊钩接近水桶，待水桶上绿色点变黄，则表示吊钩勾起水桶，此时收起吊钩，水桶则被提起。

④ 将水桶放至绿圈内。操作手柄，缓缓移动水桶，避免速度过快导致洒水，当吊钩垂直投影的黄色十字光标交点与圆心相近或重合时，放下吊钩，至水桶与吊钩脱离。

⑤ 重复步骤③和④，直至项目完成。

(4) 设备关闭

① 按“退出”按钮，退出训练课题，返回菜单界面，用左操纵主令，选择“退出程序”可退出系统或者“关闭主机”。

② 关闭高清显示器电源。

③ 切断设备电源。

(5) 手柄使用

① 菜单选择。左主令前推/后拉，可进行菜单的上下选择；左主令左右，可进行文档的前后翻页。

② 菜单确定。右主令前推，可进行菜单的确定。

③ 返回。右主令向后推动，可返回上级菜单。

④ 退出功能。按下右操纵箱面板上的“退出”功能按钮，弹出对话框，左手柄选择

“退出”菜单后，右主令向前扳动“确定”后，退出正在训练的课题。

（6）菜单操作

① 菜单选择。左主令前推/后拉，可进行菜单的上下选择；左主令左右，可进行文档的前后翻页。

② 菜单确定。右主令前推，可进行菜单的确定。

③ 返回。右主令向后推动，可返回上级菜单。

④ 退出功能。按下右操纵箱面板上的“退出”功能按钮，弹出对话框，左手柄选择“退出”菜单后，右主令向前扳动“确定”后，退出正在训练的课题。

5.2.5　思考题

① 在进行项目定点停放时，移动过快导致水桶剧烈摇晃，可以如何操作使水桶尽快停止摇晃?

② 简述门式起重机在起吊货物时的注意事项。

③ 简述桥式和门式起重机的工作原理和操作流程。

5.3　施工升降机安全操作模拟实验

5.3.1　实验目的

① 熟悉升降机各种仪器的操作方法。

② 掌握升降机基本理论和典型安全操作。

③ 能够应用升降机进行典型基本操作，如引导训练、自由训练以及防坠测试。训练包括自由操作和楼层呼叫。

5.3.2　实验设备

WM-SE/CE 建筑升降机实训模拟器采用真实安全门、提升座舱进行 1∶1 设计制造，还原真实人机互动感受，同时能够针对岗位人员开展安全操作步骤、技巧方面实操训练及考核，配合教师管理平台，可对岗位人员进行考核和评分。模拟器如图 5-5 所示，操作系统界面如图 5-6 所示。

5.3.3　实验原理

升降机按机构原理可分为机械升降和液压升降两种。其中，液压升降机具有结构简单、工作平稳、操作方便等优点。

升降机的工作原理是利用油泵输出的压力油，推动油缸的柱塞（顶杆）来带动承托窑车的工作平台做升降运动。升降行程可根据装卸工作的需要调节。升降机可在不同位置上升、停止及下降。当柱塞行至最上位置时，工作平台上的碰板触及限位开关，电磁阀换向，升降机停止上升。液压油的工作压力一般为 3MPa，升降速度为 0.4～0.8m/min。1 台油泵可操

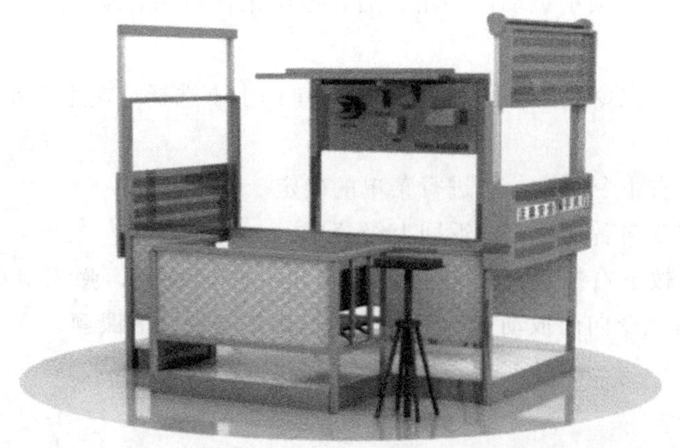

图 5-5　WM-SE/CE 建筑升降机实训模拟器

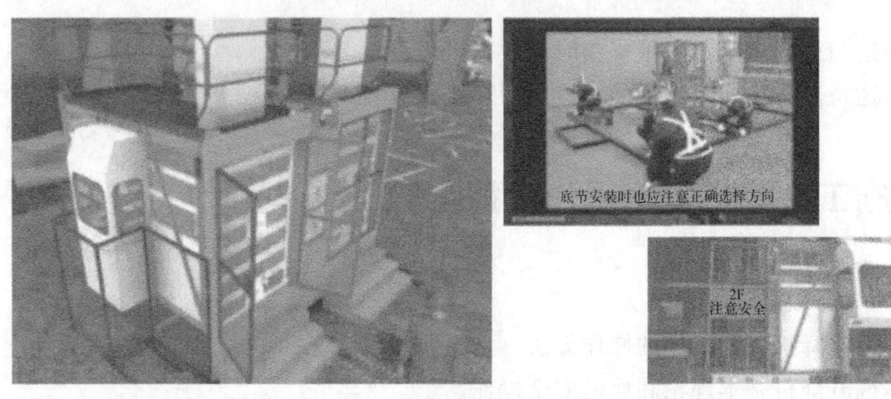

图 5-6　WM-SE/CE 建筑升降机操作系统界面

作 1 台或数台升降机工作。

5.3.4　实验步骤

① 按下红色开机按钮，系统自动启动，进入登录界面。按小键盘的“Enter”键进入主界面。

② 主页中小键盘的“4”键和“6”键可左右选择不同的训练模块。

以引导训练操作为例，选中“引导训练”，用小键盘的“+”键和“-”键选择不同的课题。“+”键选择下一个课题，“-”键选择上一个课题。按“Enter”键进入课题操作。

③ 操作步骤。

a. 按下总电源开关送电；

b. 打开底笼门；

c. 打开单开门；

d. 关底笼门；

e. 关单开门；

f. 打开急停按钮；

g. 打开点火锁；

h. 按下启动电铃，此时升降机已经通电可以升降了；

i. 操纵手柄向前推升降机上升，向后推下降（手柄前后推 1 挡和 2 挡，是控制升降机的快、慢挡），到达指定的楼层；

j. 开双开门；

k. 开层门，此时软件中的模拟人出门到达指定的楼层；

l. 关层门；

m. 双开门升降机下降到底层接人；

n. 开单开门；

o. 开底笼门，此时进模拟人；

p. 关底笼门；

q. 关单开门，把人员送到指定的楼层。如此重复地输送人员，直至考核结束。

④ 关闭升降机的步骤。

a. 关层门；

b. 关双开门；

c. 关点火锁；

d. 按下急停；

e. 开单开门；

f. 开底笼门；

g. 关单开门；

h. 关底笼门；

i. 总电源断电。

退出操作界面时按小键盘的“·”键，再按“Enter”键返回到主界面。

⑤ 退出系统。选择重新登录，再按“Enter”键，继续按“Enter”键退出系统。

5.3.5 思考题

① 在进行防坠测试时，升降机轿厢下坠的距离主要由什么因素决定？

② 试述防坠测试的详细步骤以及注意事项。

③ 试阐述升降机的工作原理及防坠测试的操作流程和注意事项。

5.4 塔式起重机安全操作模拟实验

5.4.1 实验目的

① 熟悉塔式起重机各种仪器设备的使用方法。

② 掌握塔式起重机基本理论和典型安全操作。

③ 能够用塔式起重机进行简单的操作，如定点投放、击落木块、通过框架、起吊货物、绕杆定位。

5.4.2 实验设备

WM-SE/TD 塔式起重机模拟器采用真机部件改造，实现原装起重机联控操作，符合真机操作原理，软件系统根据国家建筑机械考核大纲设计。模拟器如图 5-7 所示，操作系统界面如图 5-8 所示。

图 5-7 WM-SE/TD 塔式起重机模拟器

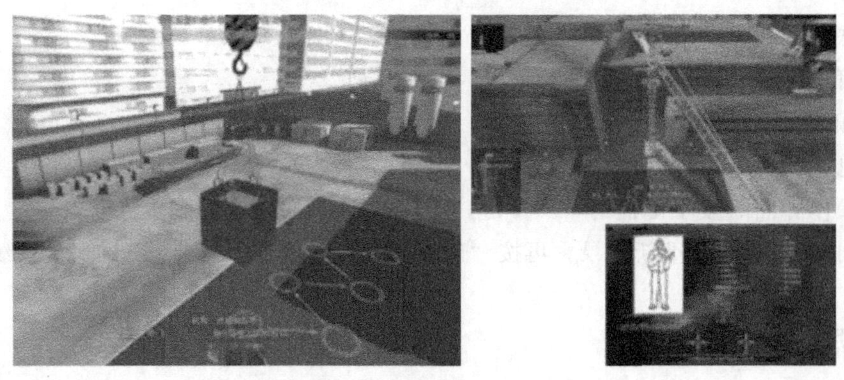

图 5-8 WM-SE/TD 塔式起重机操作系统界面

5.4.3 实验原理

塔式起重机分上旋转式和下旋转式两类。

① 上旋转式塔式起重机。塔身不转动，回转支承以上的动臂、平衡臂等，通过回转机构绕塔身中心线做全回转。根据使用要求，上旋转式塔式起重机又分运行式、固定式、附着式和内爬式。运行式塔式起重机可沿轨道运行，工作范围大，应用广泛，宜用于多层建筑施工；如将起重机底座固定在轨道上或将塔身直接固定在基础上就成为固定式塔式起重机，其动臂较长；如在固定式塔式起重机塔身上每隔一定高度用附着杆与建筑物相连，即为附着式塔式起重机，它采用塔身接高装置使起重机上部回转部分可随建筑物增高而相应增高，用于高层建筑施工；将起重机安设在电梯井等井筒或连通的孔洞内，利用液压缸使起重机根据施

工进程沿井筒向上爬升者称为内爬式塔式起重机，它节省了部分塔身、服务范围大、不占用施工场地，但对建筑物的结构有一定要求。

② 下旋转式塔式起重机。回转支承装在底座与转台之间，除行走机构外，其他工作机构都布置在转台上一起回转。除轨道式外，还有以履带底盘和轮胎底盘为行走装置的履带式和轮胎式。

5.4.4　实验步骤

（1）开机

① 开机前检查连线、插座和插头，看有无破损或接触不实。

② 检查机器各操纵部件是否处于初始位置。

③ 检查机器各功能按钮是否处于初始位置。

④ 接通电源，此时机器散热风扇运转。

⑤ 按下电源开关键，此时 PC 机开始启动，显示器被点亮。

（2）使用

菜单操作如下。

① 菜单选择。左主令前推/后拉，可进行菜单的上下选择；左主令左右，可进行文档的前后翻页。

② 菜单确定。右主令前推，可进行菜单的确定。

③ 返回。右主令后推，可返回上级菜单。

④ 退出功能。按下右操纵箱面板上的“退出”功能按钮，弹出对话框，左手柄选择“退出”菜单后，右主令向前扳动“确定”后，退出正在训练的课题。

（3）项目训练

以定点停放为例：

① 鸣笛。按下模拟器手柄旁鸣笛按钮。

② 通电。按下启动按钮。

③ 提起水桶。操作手柄控制移动方向，放下吊钩接近水桶，待水桶上绿色点变黄，则表示吊钩勾起水桶，此时收起吊钩，水桶则被提起。

④ 将水桶放至绿圈内。操作手柄，缓缓移动水桶，避免速度过快导致洒水，当吊钩垂直投影的黄色十字光标交点与圆心相近或重合时，放下吊钩，至水桶与吊钩脱离。

⑤ 重复步骤③和④，直至项目完成。

（4）关机

选择“退出”菜单，塔式起重机模拟器退出系统并关闭计算机。

5.4.5　思考题

① 当在模拟塔式起重机操作时，风速过大应该如何处理？在实际操作时，风速过大又应该怎么做？

② 塔式起重机在模拟操作时，试述看不清起吊货物时的做法。

③ 阐述塔式起重机的工作原理和操作流程。

5.5 压力容器安全综合实验

5.5.1 实验目的

① 掌握爆破片爆破压力的测定。

② 了解爆破片结构及其使用方法。

③ 掌握薄壁容器失稳的概念，观察圆筒形壳体失稳后的形状和波数。

④ 了解长圆筒、短圆筒和刚性圆筒的划分，实测薄壁容器失稳时的临界压力。

5.5.2 实验设备

压力容器综合实验装置由两个卧式内压实验容器、一个立式外压实验容器和一台手动试压泵组成，如图 5-9 所示。

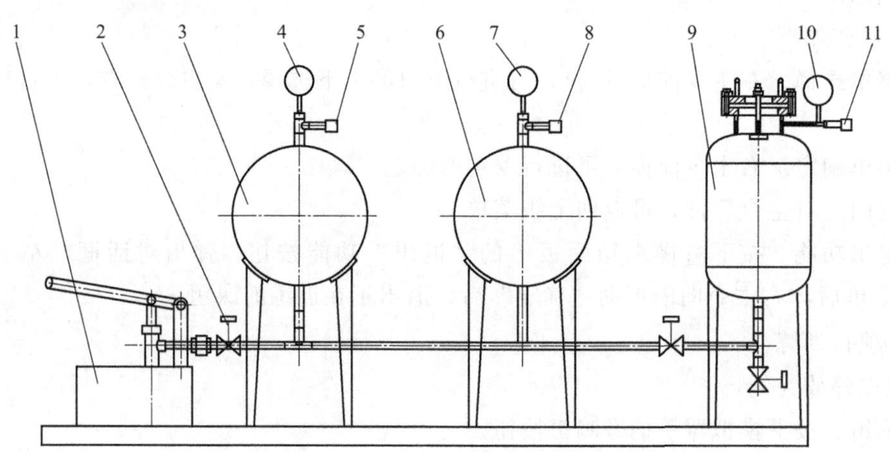

图 5-9 压力容器综合实验装置

1—手动试压泵；2—总进水阀；3,6—卧式内压实验容器；4,7,10—压力表；5,8,11—压力传感器；9—立式外压实验容器

爆破片装置主要由爆破片和夹持器组成，如图 5-10 和图 5-11 所示。

爆破片装置主要用于介质为气体或饱和蒸汽的压力容器，出于安全方面的考虑，本实验用水作为实验介质。

5.5.3 实验原理

(1) 爆破片爆破压力测定实验原理

爆破片是压力容器、压力管道的重要安全泄放装置。它能在规定的温度和压力下爆破，泄放压力，保障人员生命和生产设备的安全。爆破片安全装置具有结构简单、灵敏、准确、无泄漏、泄放能力强等优点，能够在黏稠、高温、低温、腐蚀的环境下可靠地工作，还是超高压容器的理想安全装置。

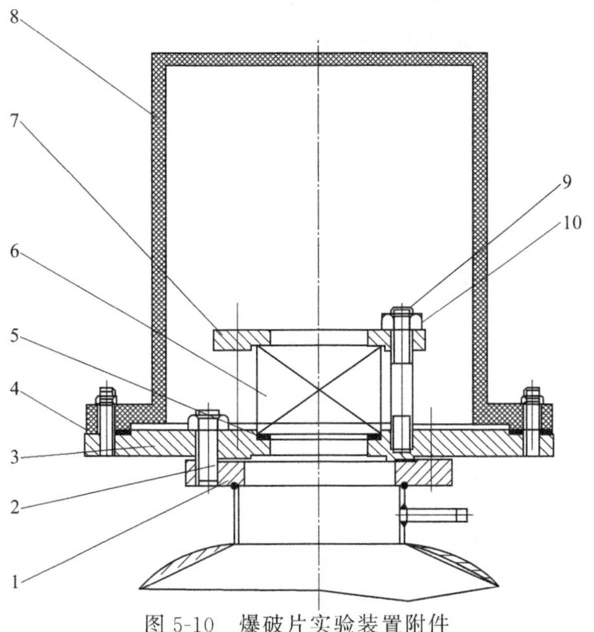

图 5-10 爆破片实验装置附件

1—立式实验容器法兰；2,4,5—垫片；3—下法兰；6—爆破片装置；7—上法兰；8—防护罩；9—螺栓；10—螺母

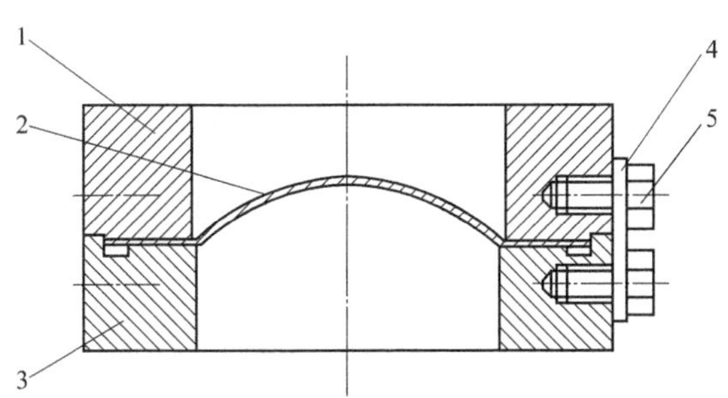

图 5-11 爆破片装置

1—上夹持器；2—爆破片；3—下夹持器；4—连接板；5—螺钉

测量爆破片爆破时的爆破压力值，并与爆破片的标称爆破压力进行比较。观察爆破片爆破后的形态，对实验结果进行分析和讨论。

当容器内压力超过爆破片的爆破压力时，爆破片破裂使压力泄放，从而达到避免容器不会因超压而破坏，此时所测得的压力即为爆破片的爆破压力。

(2) 外压薄壁容器失稳实验原理

测量圆筒形容器失稳时的临界压力值，并与不同的理论公式计算值及图算法计算值进行比较。观察外压薄壁容器失稳后的形态和变形的波数，并按比例绘制试件失稳前后的横断面形状图，用近似公式计算试件变形波数。对实验结果进行分析和讨论。

圆筒形容器在外压力作用下，常因刚度不足而失去自身的原来形状，即被压扁或产生折皱现象，这种现象称为外压容器的失稳。容器失稳时的外压力称为该容器的临界压力。圆筒形容器丧失稳定时截面形状由圆形跃变成波形，其波数可能是 2、3、4、5 等的任意整数。

外压圆筒依其临界长度分为长圆筒、短圆筒和刚性圆筒。

① 试件参数计算。外压薄壁容器试件如图 5-12 所示。

试件实际长度为 L_0，圆弧处外部高度为 h_1，翻边处高度为 h_2，外直径为 D_2，内直径为 D_1，则：

厚度
$$t=\frac{1}{2}(D_2-D_1) \tag{5-1}$$

圆弧处内部高度
$$h_3=h_1-t \tag{5-2}$$

中径
$$D=\frac{1}{2}(D_1+D_2) \tag{5-3}$$

计算长度
$$L=L_0-h_2-\frac{1}{2}h_3 \tag{5-4}$$

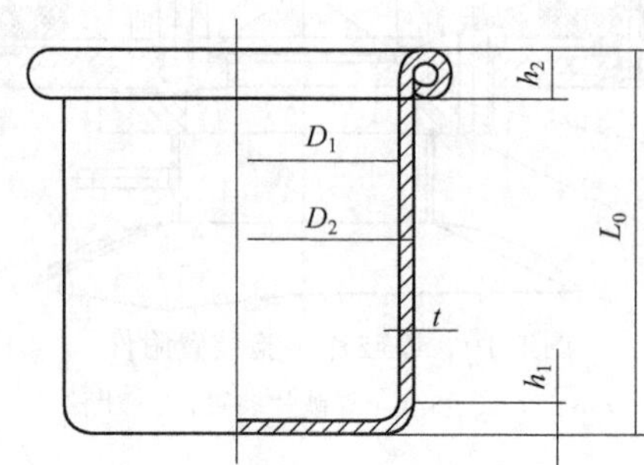

注：试件的材料为 Q235-A，弹性模量 $E=212\text{GPa}$，泊松比 $\mu=0.288$，屈服极限 $\sigma_s=235\text{MPa}$

图 5-12 外压薄壁容器试件

② 圆筒的临界长度计算。

$$L_{cr}=1.17D\sqrt{\frac{D}{t}} \tag{5-5}$$

$$L'_{cr}=\frac{1.13Et}{\sigma_s\sqrt{\frac{D}{t}}} \tag{5-6}$$

$L>L_{cr}$ 时，属于长圆筒；$L'_{cr}<L<L_{cr}$ 时，属于短圆筒；$L<L'_{cr}$ 时，属于刚性圆筒。

③ 圆筒的临界压力计算。

a. 长圆筒的临界压力计算：

$$p_{cr}=\frac{2E}{1-\mu^2}\left(\frac{t}{D}\right)^3 \tag{5-7}$$

b. 短圆筒的临界压力计算：

R. V. Mises 公式：

$$p_{cr}=\frac{Et}{R(n^2-1)\left[1+\left(\frac{nL}{\pi R}\right)^2\right]^2}+\frac{E}{12(1-\mu^2)}\left(\frac{t}{R}\right)^3\left[(n^2-1)+\frac{2n^2-1-\mu}{1+\left(\frac{nL}{\pi R}\right)^2}\right] \tag{5-8}$$

B. M. Pamm 公式：

$$p_{cr}=\frac{2.59Et^2}{LD\sqrt{\frac{D}{t}}} \tag{5-9}$$

④ 图算法计算外压圆筒的临界压力。见图 5-13。

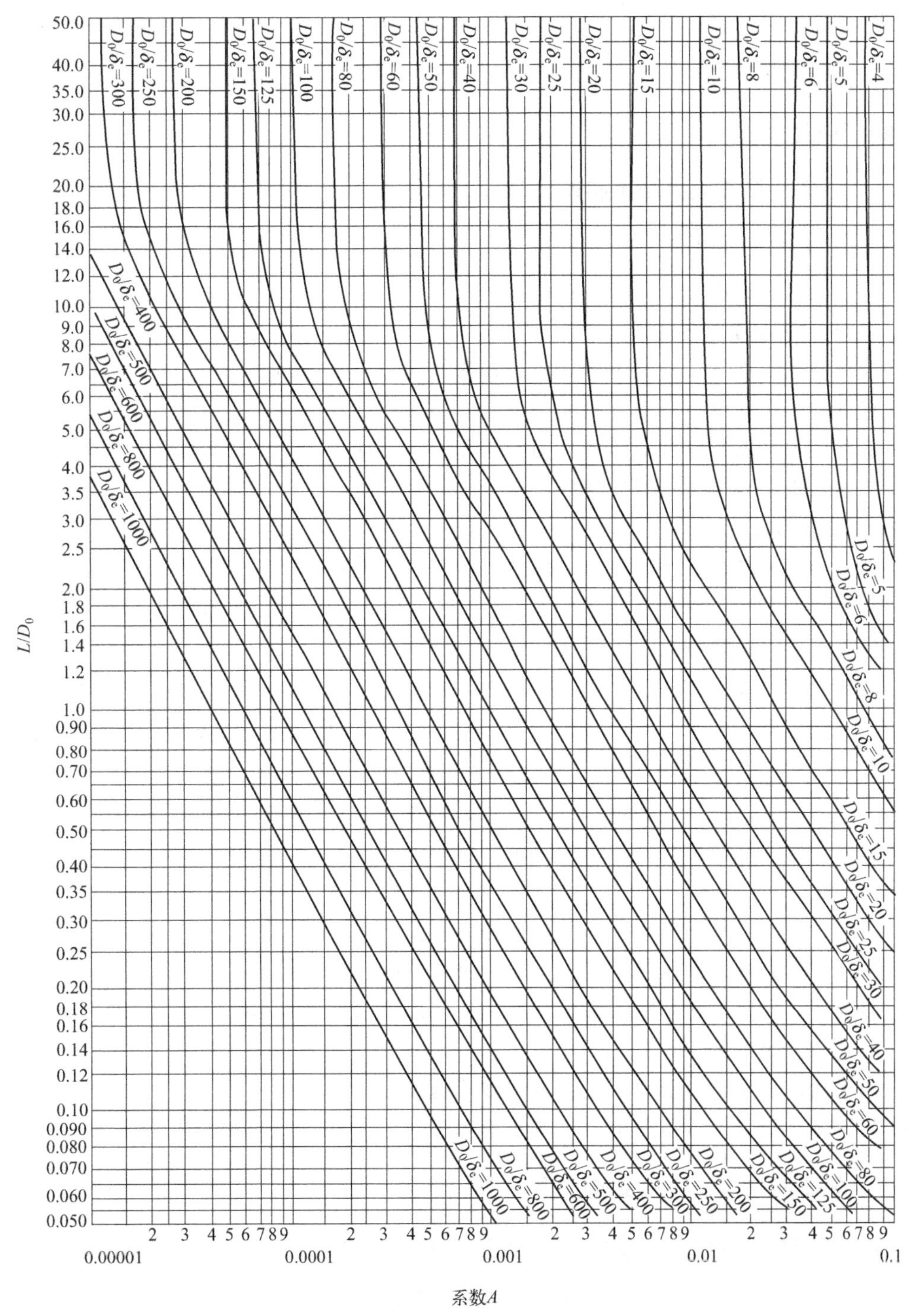

图 5-13　外压或轴向受压圆筒和管子几何参数计算图

⑤ 外压圆筒失稳后的波数计算。

$$n=\sqrt[4]{\frac{7.06\dfrac{D}{t}}{\left(\dfrac{L}{D}\right)^{2}}} \tag{5-10}$$

5.5.4 实验步骤

5.5.4.1 爆破片爆破压力测定实验步骤

(1) 爆破片装置组装

① 应小心搬运爆破片，且只能接触其边缘部分；

② 检查夹持器是否有损坏；

③ 把夹持器放在平面上，下夹持器（边缘有缺口）缺口朝上；

④ 把爆破片放在夹持器上，拱面朝上；

⑤ 放好上夹持器，标牌上泄放方向箭头朝上，并使上下夹持器侧面螺钉孔对齐；

⑥ 用连接板把上下夹持器连接好。

(2) 爆破片装置安装

① 检查安装爆破片装置的螺栓、螺母是否可以用手轻松拧动。

② 放好垫片后，将爆破片装置放在实验装置下法兰上，标牌上泄放方向箭头朝上。

③ 放好上法兰，将螺母用手均匀拧紧。

④ 使用扭力扳手，用十字形模式分四步拧紧螺栓：第一步将扭力扳手设置为 20N·m；第二步将扭力扳手设置为 45N·m；第三步将扭力扳手设置为 60N·m；第四步将扭力扳手设置为 63N·m，沿顺时针方向再将每个螺栓拧紧一遍。

⑤ 将下法兰连同爆破片装置安装在立式实验容器法兰上，均匀用力旋紧螺母。

⑥ 装上有机玻璃防护罩，均匀用力旋紧螺母。

(3) 实验

① 启动计算机，打开实验主程序，选择“实验”，进入“实验选择”界面；

② 选择“爆破片爆破压力测定”实验，进入爆破片实验程序；

③ 点击“开始”按钮，输入姓名和组别，按确定（也可以不响应，直接按确定）；

④ 点击“记录”按钮；

⑤ 用手动试压泵给容器加压，直至爆破片爆破；

⑥ 记下爆破压力，点击退出，退出实验程序。

5.5.4.2 外压薄壁容器失稳实验步骤

测量外压容器试件的尺寸参数，将所测试件的尺寸填入表 5-1 内。

表 5-1 试件尺寸测量表　　单位：mm

测量次数	L_0	h_1	h_2	D_1	D_2
1					
2					
3					
平均值					

① 试件的实际长度、圆弧处外部高度、翻边处高度；

② 试件的外直径、内直径；

③ 试件的壁厚。

实验台阀门操作：

① 打开总进水阀和立式外压实验容器进水阀，关闭内压卧式实验容器进水阀；

② 使立式外压实验容器内水位在上封头与接管的连接处；

③ 将外压容器试件安装在立式外压实验容器上；

④ 进入实验主程序，点击“实验选择”按钮，选择“外压薄壁容器的稳定性实验”菜单，点击“确认”按钮，进入“外压薄壁容器的稳定性实验”画面，点击“开始实验”按钮，进入实验画面；

⑤ 单击“开始”按钮，单击“记录”按钮；

⑥ 通过手动试压泵给外压实验容器缓慢加压，直至试件失稳为止；

⑦ 试件失稳后，迅速关闭立式外压实验容器进水阀和总进水阀；

⑧ 取出试件，观察和记录失稳后的波形及特点；

⑨ 进入数据处理程序，可计算临界压力等数据。

5.5.5　实验数据记录

① 将外压容器试件失稳时的临界压力 p_{cr} 实测值填入表 5-2，观察外压容器试件失稳后的波形及特点。

表 5-2　临界压力实验数据表

试件参数/mm					实验数据 p_{cr}/MPa	理论计算 p_{cr}/MPa			波数	
L	D	t	L/D	D/t		Mises	Pamm	图算法	实测	计算

② 根据外压容器试件的尺寸，按式(5-5) 和式(5-6) 判定试件是长圆筒还是短圆筒，然后分别按式(5-7)～式(5-9)计算外压容器试件失稳时的临界压力，填入表 5-2。

③ 利用外压圆筒的图算法（图 5-13）计算外压容器试件失稳时的临界压力，填入表 5-2。

④ 测量外压容器试件失稳后的波数，并利用式(5-10) 计算试件失稳后的理论波数，填入表 5-2。

5.5.6　思考题

① 分析实验爆破压力与标称爆破压力差别及其产生的原因。

② 对实验过程中存在的问题进行分析。

③ 按比例绘制外压容器试件失稳前后的横截面形状图，试分析外压容器试件失稳后的波数与什么因素有关。

④ 外压容器试件失稳后除了波数外，试件的其他变形还与什么因素有关？

5.6 超声纵波直射钢板探伤实验

5.6.1 实验目的

① 了解超声波探伤仪的简单工作原理。
② 掌握超声波探伤仪的使用方法。
③ 掌握钢板接触探伤的方法，并学会对钢板缺陷进行分级。

5.6.2 实验设备

① 实验仪器：CTS-9002 型超声波探伤仪、CTS-9006 型超声波探伤仪。
② 探头：2.5P20Z（2.5MHz，ϕ20mm 直探头）。
③ 耦合剂：机油。
④ 试样：$T=20$mm 的圆形钢板试样三块。

5.6.3 实验原理

（1）超声波探伤仪的工作原理

目前在实际探伤中，广泛应用的是 A 型脉冲反射式超声波探伤仪（见图 5-14）。该仪器荧光屏横坐标表示超声波在工件中的传播时间（或传播距离），纵坐标表示反射回波波高。根据荧光屏上缺陷波的位置和高度可以判定缺陷的位置和大小。

图 5-14 A 型脉冲反射式超声波探伤仪

A 型脉冲反射式超声波探伤仪由同步电路、发射电路、接收放大电路、扫描电路（又称时基电路）、显示电路和电源电路等部分组成。

电路接通以后，同步电路产生同步脉冲信号，同时触发发射电路、扫描电路。发射电路被触发以后产生高频脉冲作用于探头，通过探头的逆压电效应将电信号转换为声信号，发射超声波。超声波在传播过程中遇到异质界面（缺陷或底面），反射回来被探头接收。通过探头的正压电效应将声信号转换为电信号送至放大电路被放大检波，然后加到荧光屏垂直偏转板上，形成重叠的缺陷波 F 和底波 B。扫描电路被触发以后产生锯齿波，加到荧光屏水平偏转板上，形成一条扫描亮线，将缺陷波 F 和底波 B 按时间展开。根据缺陷波的位置可以确定缺陷的埋藏深度，根据缺陷波的幅度可以估算缺陷当时的大小。

（2）接触式超声纵波直射钢板探伤原理

接触式超声纵波直射钢板探伤指的是以超声探头仪通过一层极薄的耦合剂与被检物探测面直接接触的方式进行纵波直射探伤。以接触式超声脉冲回波法进行纵波直射探伤时，通常采用单压电晶片的探头发射高频超声波脉冲，通过适当的耦合剂垂直地射入被检验材料。当材料内部有一反射体（包括缺陷及其他能反射超声波的物体）时，超声能量便从该处反射回来，被探头接收，转变为电脉冲信号，经电子仪器放大器后在荧光屏上以脉冲波形式显示出来。根据反射回波的有无、回波幅度的大小及出现回波的范围，可判断反射的有无、深度位置和大小。

钢板是经轧制而成的，钢板中的大部分缺陷与板面平行。因此一般采用垂直于板面的纵波探伤法。

钢板探伤时，一般用 2.5～5MHz、ϕ10～30mm 的探头探伤，采用全面或列线扫查。根据《承压设备无损检测　第 3 部分：超声检测》（NB/T 47013.3）中规定，在检查过程中，发现下列三种情况之一者即作为缺陷：

① 缺陷第一次反射波波高（F_1）大于或等于满刻度的 50%，即 $F_1 \geqslant 50\%$者。

② 当底面第一次反射波波高（B_1）未达到满刻度，此时，缺陷第一次反射波波高（F_1）与底面第一次反射波波高（B_1）之比大于或等于 50%，即 $B_1 < 100\%$，而 $F_1/B_1 \geqslant 50\%$者。

③ 当底面第一次反射波波高（B_1）低于满刻度的 50%，即 $B_1 < 50\%$者。

5.6.4　超声波探伤仪操作步骤

以 CTS-9002 型超声波探伤仪的操作为例，其他型号的操作步骤大体相似或参照相应的仪器操作手册。

（1）开机

当仪器插上电池或与充电器连接后，按面板的电源开关键，则电源接通。仪器内部初始化并进行自检，此时显示如图 5-15 所示。

自检通过后，按任意键进入菜单 1（见图 5-16）。

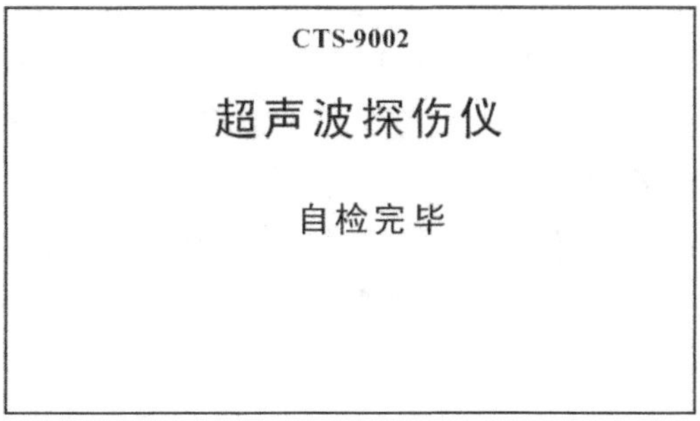

图 5-15　仪器显示

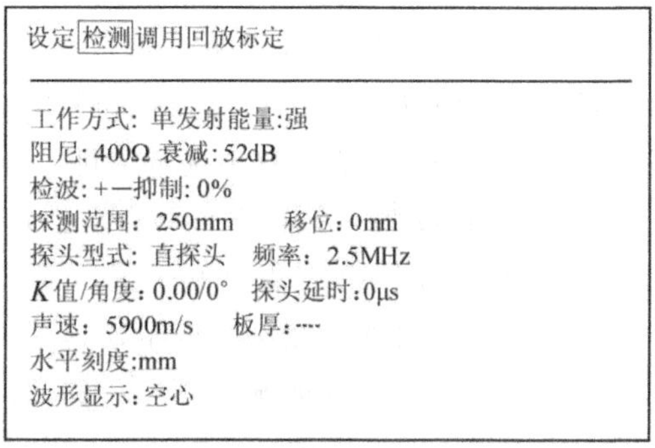

图 5-16　菜单 1

这时，对仪器的探伤条件进行设定或调用后，即可开始探伤作业。

若仪器的条件混乱，可先关机，再重开机，同时按下【功能】键，仪器复位至初始状态。

（2）条件的确认或设定

在菜单 1，光标在【检测】位置，横线下面的显示内容为前次探伤时所使用的条件，如果继续在该条件下工作，不需改变，则只需确认，按下【回车】，进入菜单 2，并开始探伤作业。

如果希望修改探伤条件，菜单 1 光标在【设定】位置，按【回车】，光标进入条件显示区，通过←、→移动光标位置，用万能旋钮调节参数值。逐一设置完毕后，按下【回车】，进入菜单 2，开始探伤作业。

在菜单 1 中，当探头型式为“直探头”时，则 K 值总为 0，声速设置为常用的钢纵波声速，这时的板厚（工件厚度）没有特别意义，水平刻度可选为声时（μs）或声程（mm↙）、水平距离（mm←）和深度（mm↓）。

当对菜单 1 中所有项目设置完毕时，可按↓进入菜单 1-1（见图 5-17），对报警闸门进行设置。当把 A 门或 B 门的门宽设为 0 时，则表明该闸门不起作用。

在菜单 1-1 时，按回车，进入菜单 2 进行探伤作业。

(3) 仪器一般操作

通过条件设置或直接调用已有设置条件后，经确认进入菜单 2（见图 5-18）。

设定：

A 门位	89.0mm	A 门宽	21.0mm
A 门限	40%	A 报警	进波
B 门位	125mm	B 门宽	0.0mm
B 门限	20%	B 报警	进波
报警声	关		

图 5-17 菜单 1-1

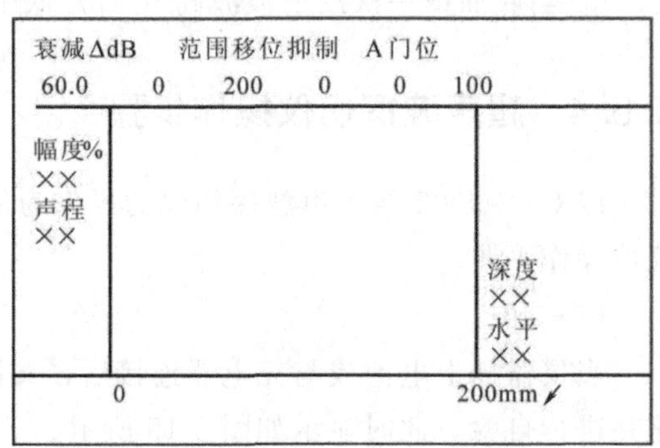

图 5-18 菜单 2

菜单 2 为探伤用主要菜单。它包括垂直方向的控制，放大器【衰减】量和相对衰减【ΔdB】以及【抑制】值的调节，也包括水平方向的扫描【范围】和水平【移位】的调节。只要通过←、→键把光标移至选定项目，再用万能旋钮调节参数值，显示波形会随之变化。当光标在【ΔdB】时，按回车，则自动把衰减值和【ΔdB】之和替代衰减值，【ΔdB】复 0。

为了随时读测缺陷的幅度和位置，菜单 2 中设置有【A 门位】即闸门的起始位置。在显示的图形中，闸门 A 用横线段表示，其左端点为闸门起始位置，称【门位】，线段的长度称【门宽】，其纵坐标位置即闸门阈值，称【门限】。当光标在【A 门位】时，调节万能旋钮，闸门线左右移动，当选中某一回波时，并且该回波幅度大于门限值，菜单 2 右侧显示该回波的幅度（波高为垂直坐标的百分比）和深度。

(4) 探伤灵敏度校准

探伤之前，应根据探伤工艺规定需发现缺陷的大小以及采用的探头品种等，调整仪器的衰减量，这项工作通常称为探伤灵敏度校准。它通常用与工件同一材质制成的人工缺陷试块并按照工艺规程要求进行，若采用其他试块，应做必要的补偿。

本仪器探伤灵敏度在【抑制】为 0 时，配用 2.5P20 直探头，发现距表面 200mm，ϕ2mm 平底孔的探伤灵敏度余量，应大于 46dB。若仪器的探伤灵敏度余量太小，说明仪器工作不正常或探头灵敏度不够，应予检修。

（5）抑制功能的使用

【抑制】是对整个显示屏基线上的杂波显示高度进行处理，把小于此高度的杂波全部去掉，把大于此高度的有用信号的原有高度保存下来。在缺陷信号比较小时，有利于发现大量杂波掩盖下的缺陷回波。

由于【抑制】是把信号和杂波的一定高度一起削去，使之易于观察，因此使用时应比较慎重，以免造成漏检误判。

（6）报警器的使用

报警器可以自动监测报警闸门内的回波情况，并按要求发出报警信号。

本仪器有两个闸门，A 和 B。闸门 A 为硬件检测门，通常用于对回波幅度的自动监测。闸门 B 为软件检测，作为辅助使用。

在菜单 2 中，光标在【A 门位】，按↓，进入菜单 2-5（见图 5-19），对闸门 A 进行设置。

在调定扫描范围之后，可以根据监测范围定出闸门位置【门位】和【门宽】，根据探伤灵敏度的要求定出报警【门限】。把光标移至【进波】处，表示回波幅度大于门限时报警；若这时用万能旋钮改为【失波】，则表示回波幅度小于门限时报警，用于穿透探伤或用于对底波的监测。把光标移至【声关】位置，表示报警时，仅面板报警发光指示，若用万能旋钮把该项改为【声开】，则报警时还会发出蜂鸣声。

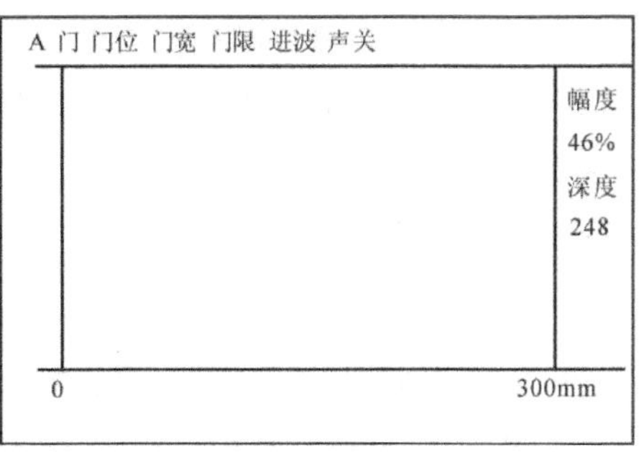

图 5-19　菜单 2-5

若把光标移至【A 门】处，按↓，则可对 B 门进行设置。B 门在屏幕显示的线条较粗，以示区别。若 B 门不使用，其门宽为 0。

5.6.5　实验步骤

① 清除钢板表面的氧化皮、锈蚀和油污。

② 调节仪器，设定探伤条件，校准探伤灵敏度。

③ 选取探头，扫查探测。探头置于钢板试样进行 100%的全面扫查，探头移动间距小于晶片尺寸，移动速度不大于 0.2m/s。

④ 缺陷测定。扫查过程中发现缺陷后，先用半波高度法（或 6dB 法）测定缺陷的面积范围。缺陷波高下降一半（相对 ϕ5mm 回波）时，探头中心的轨迹作为缺陷的轮廓线，此轮廓线一般不规则，可用方格法确定缺陷面积，然后再根据扫描速度和缺陷波所对应的刻度值确定缺陷的深度。对于较小的缺陷，也可测定缺陷的当量。

⑤ 记录。在钢板上或记录纸上标出缺陷的位置、深度和面积。

⑥ 评级。根据《承压设备无损检测 第 3 部分：超声检测》（NB/T 47013.3）中“缺陷评定方法”的规定对钢板进行评定。

5.6.6 实验数据记录

① 根据所测对象设计实验方案，并阐述该实验方案的设计目的。
② 记录实验测试结果，要求标明缺陷的位置和大小，并评定钢板级别。

5.6.7 思考题

简述超声纵波探伤工作原理，并阐述超声纵波直射钢板探伤方法的优点和不足。

5.7 超声横波焊缝探伤实验

5.7.1 实验目的

① 学会利用超声波探伤仪制作斜探头距离-波幅曲线。
② 掌握钢板焊缝接触探伤的方法。
③ 学会对焊缝缺陷进行定性定量分析。

5.7.2 实验设备

① 实验仪器：CTS-9002 型超声波探伤仪、CTS-9006 型超声波探伤仪。
② 探头：频率 2.5MHz 的 K2 斜探头。
③ 耦合剂：机油。
④ 试样：CSK-ⅠA 试块、CSK-ⅡA 试块（图 5-20、图 5-21）。

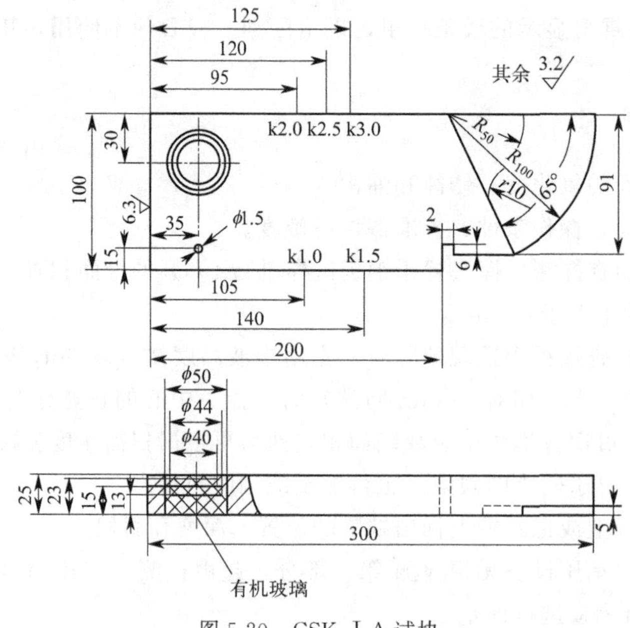

图 5-20 CSK-ⅠA 试块

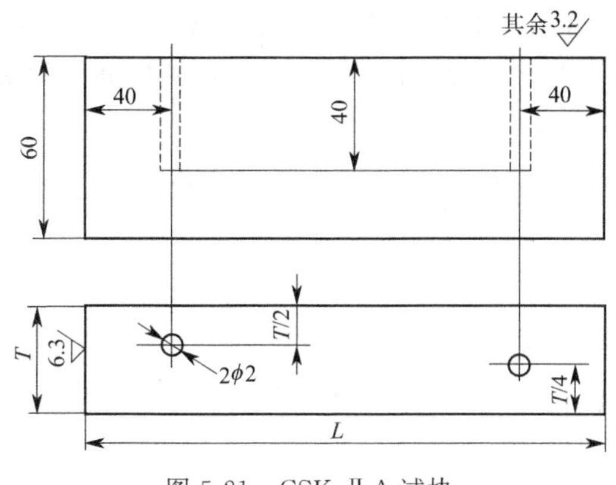

图 5-21　CSK-ⅡA 试块

5.7.3　实验原理

超声波探伤法是通过有压电晶体的探头，将电振荡转变成超声波，入射到工程材料或设备构件后，如遇缺陷则超声波被反射、散射或衰减，再经探头接收后变成电信号，进而放大显示在超声波探伤仪的屏幕上，并根据相应的原则由荧光屏上显示出的信息判定缺陷的部位、大小和性质。超声波探伤法不仅可检测被测物体表面的缺陷，重要的是还可以探测到内部的缺陷。

5.7.4　实验步骤

（1）探头前沿、K 值测定（探头标定）

① 斜探头前沿测定（找斜探头入射点）。将探头置于 CSK-ⅠA 试块上前后移动（图 5-22），并保持与试块侧面平行，在显示屏上找到 R_{100} 圆弧面的最高反射波后，用尺量出 L 距离，则探头前沿 $l=R_{100}-L$（一般测量 2～3 次，取中间值）。

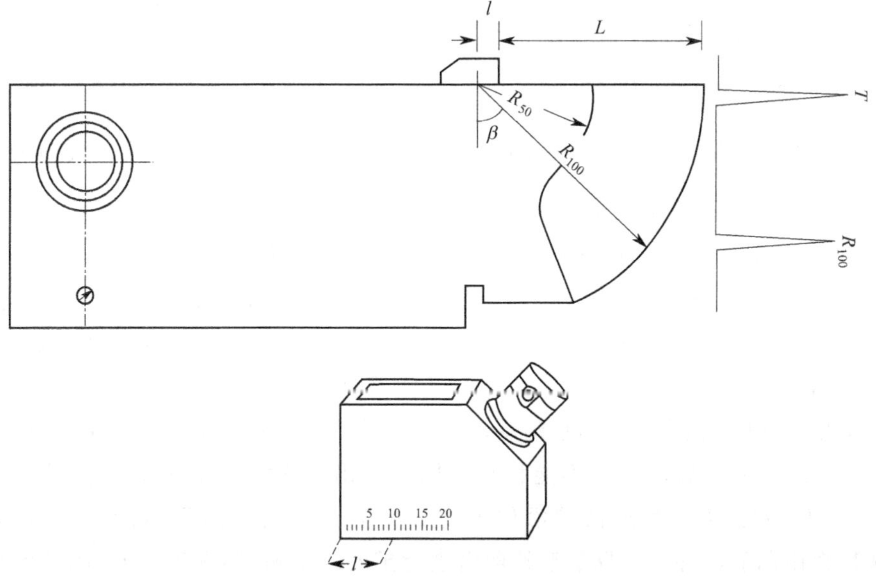

图 5-22　CSK-ⅠA 试块示意图

② 折射角 β（K 值）测定。将探头置于 CSK-ⅠA 试块另一端上（图 5-23）前后移动，并保持与试块侧面平行，在显示屏上找出 ϕ50mm（有机玻璃）的最高反射波后，用尺量出 M 距离，则折射角 β（K 值）：

$$\tan\beta = K = \frac{M + l - 35}{30} \tag{5-11}$$

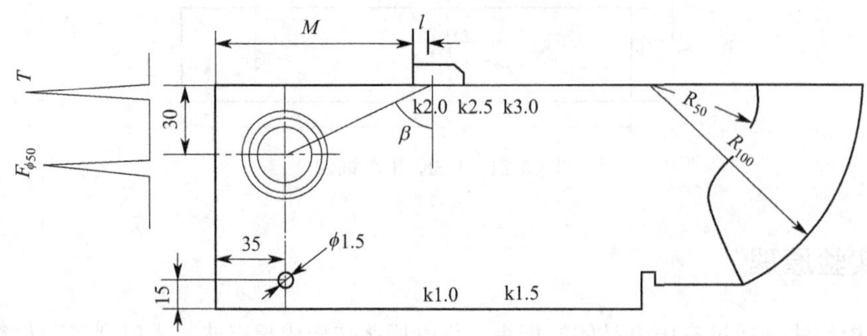

图 5-23　根据探头标称 K 值

（2）制作斜探头的 DAC 曲线

DAC 即距离-波幅曲线，同一当量的缺陷，随着距离的增大，其波幅呈指数下降趋势，下降的程度随材料的声衰减系数而定。把不同深度同一当量的人工缺陷的反射波幅度连成一条曲线，称为 DAC 曲线。

① 水平 1∶1 法（扫描线刻度代表水平距离）。要点：先将仪器上的【深度范围】旋钮置于 50mm 处；当探头晶片尺寸大于等于 13mm×13mm 时，探头置于 CSK-ⅢA 试块靠 R_{10} 圆弧侧（图 5-24）；当探头晶片尺寸小于 13mm×13mm 时，探头置于 CSK-ⅢA 试块中间（图 5-25）。

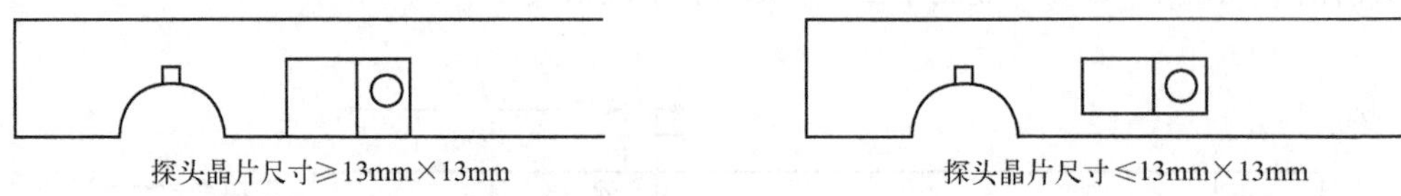

图 5-24　CSK-Ⅲ A 试块靠 R_{10} 圆弧侧示意图　　图 5-25　CSK-ⅢA 试块中间示意图

a. 将探头置于 CSK-ⅢA 试块的 h_{20} 横孔上进行前后移动（图 5-26），并保持与试块侧面平行，找出显示屏上 h_{20} 横孔反射波最高点 F_{20} 后，探头不能移动，用尺量出 L 距离，则孔深 h_{20} 处的水平距离为 $L_{20} = L - 40 + l$。此时用【深度微调】或【脉冲移位】旋钮调节，将 F_{20} 反射波的前沿对准扫描线刻度 L_{20} 格处，再将 F_{20} 反射波高调至满刻度的 60%，记录【衰减器】分贝数余量。

b. 将探头置于 h_{40} 横孔上进行前后移动，并保持与试块侧面平行，在显示屏上找出 h_{40} 横孔反射波最高点 F_{40} 后，探头不能移动，用尺量出 L 距离，则孔深 h_{40} 处的水平距离 $L_{40} = L - 40 + l$。观察 F_{40} 反射波前沿位置与 L_{40} 格相差值“Δx”（图 5-27），此时先用【深度微调】旋钮调节，将 F_{40} 反射波的前沿进行扩展或压缩[图 5-27(a)、图 5-27(b)]，移到扫描线刻度 L_{40} 格处后再移 Δx（即 $2\Delta x$），再用【脉冲移位】旋钮调节，将 F_{40} 的反射

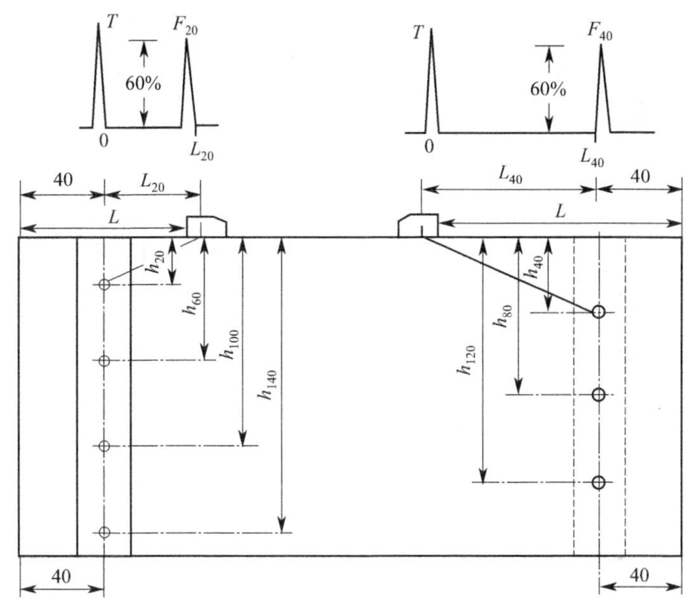

图 5-26　水平法探头移动示意图

波前沿对准扫描线刻度 L_{40} 格处，并将 F_{40} 反射波高调至满刻度的 60%，记录【衰减器】分贝数余量。

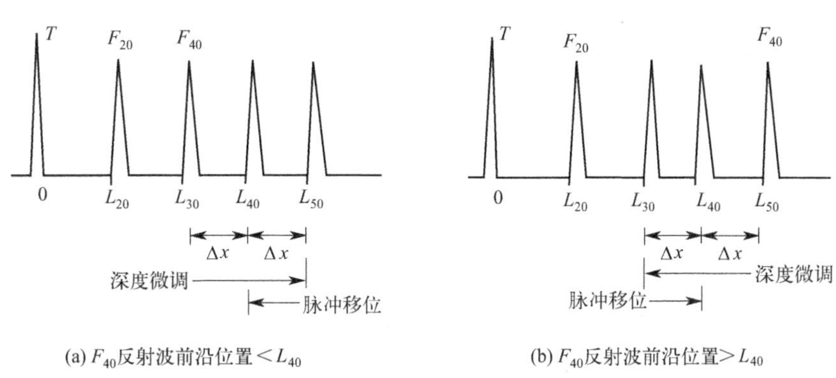

图 5-27　水平法反射波示意图

c. 将 CSK-ⅢA 试块翻身（图 5-28），分别探测 h_{10}、h_{30} 孔深，确认最高反射波 F_{10}、F_{30} 的前沿是否分别对准显示屏的扫描线刻度 L_{10}、L_{30} 格处，再分别将 F_{10}、F_{30} 反射波高调至满刻度的 60%，并分别记录相应的【衰减器】分贝数余量。

如果 F_{10}、F_{30} 的最高反射波前沿不在显示屏的水平刻度 L_{10}、L_{30} 格处，则应重新调试水平比例。

② 深度 1∶1 法（扫描线刻度代表深度）。要点：先将仪器上的【深度范围】旋钮置于 250mm 处；当探头晶片尺寸大于 13mm×13mm 时，探头置于 CSK-ⅢA 试块靠 R_{10} 圆弧侧；当探头晶片尺寸小于 13mm×13mm 时，探头置于 CSK-ⅢA 试块中间。

a. 将探头置于 CSK-ⅢA 试块的 h_{20} 横孔上进行前后移动（图 5-29），并保持与试块侧面平行，找出显示屏上 h_{20} 横孔反射波最高点 F_{20} 后，探头不能移动，用【深度微调】或

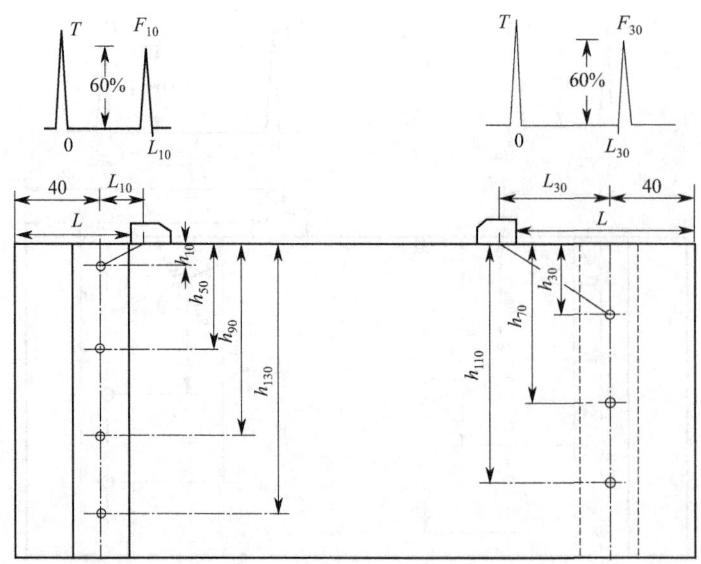

图 5-28 水平法探测孔深示意图

【脉冲移位】旋钮调节，将 F_{20} 反射波的前沿对准扫描线刻度 2 格处，再将 F_{20} 反射波高调至满刻度的 60%，记录【衰减器】分贝数余量。

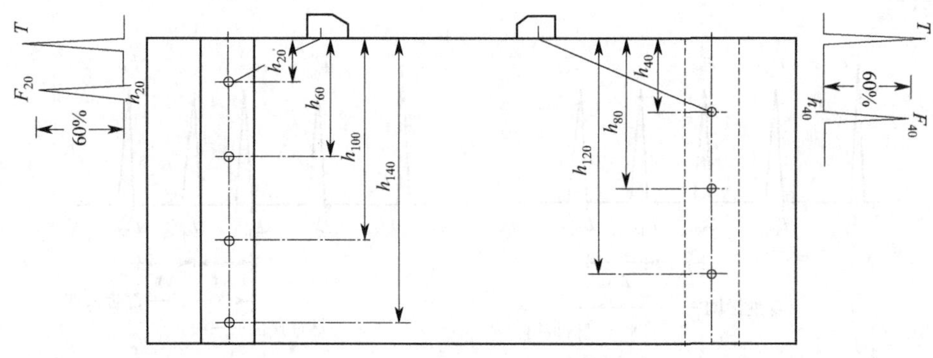

图 5-29 深度法探头移动示意图

b. 将探头置于 h_{40} 横孔上进行前后移动，并保持与试块侧面平行，在显示屏上找出 h_{40} 横孔反射波最高点 F_{40} 后，探头不能移动，观察 F_{40} 反射波的前沿位置与 4 格相差值“Δx”(图 5-30)，此时先用【深度微调】旋钮调节，将 F_{40} 反射波的前沿进行扩展或压缩[图 5-30(a)、图 5-30(b)]，移到扫描线刻度 4 格后再移 Δx 处（即 $2\Delta x$），再用【脉冲移位】旋钮调节，将 F_{40} 反射波的前沿对准扫描线刻度 4 格处，并将 F_{40} 反射波高调至满刻度的 60%，记录【衰减器】分贝数余量。

c. 将 CSK-ⅢA 试块翻身（图 5-31），用同样方法分别探测 h_{10}、h_{30}、h_{50} 等孔深，确认最高反射波 F_{10}、F_{30}、F_{50} 等前沿分别对准显示屏的扫描线刻度 1、3、5 等格处，再分别将 F_{10}、F_{30}、F_{50} 等反射波高调至满刻度的 60%，并分别记录相应的【衰减器】分贝数余量。

如果 F_{10}、F_{30}、F_{50} 等最高反射波前沿不在显示屏的扫描线刻度 1、3、5 等格处，则重新调试深度比例。

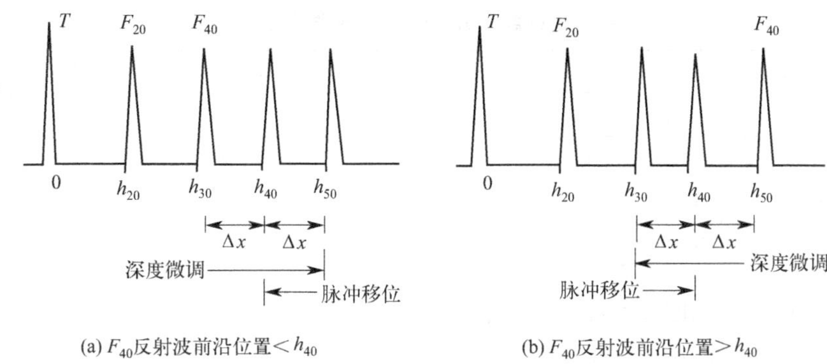

图 5-30　深度法反射波示意图

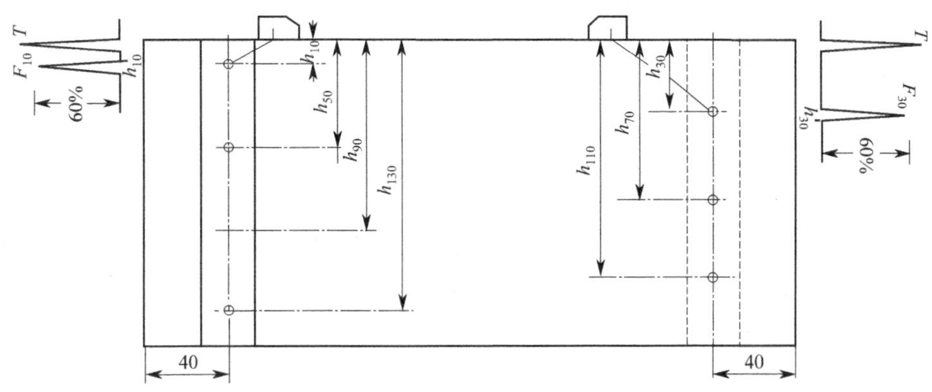

图 5-31　深度法探测孔深示意图

③ 举例。探头型号：单斜探头 2.5P13×13K2，l＝10mm，试板厚度 T＝24mm。

a. 将仪器上的【深度范围】旋钮置于 250mm 处，用【脉冲移位】旋钮把始波调到“0”格处。

b. 探头置于 CSK-ⅢA 试块的 h_{20} 横孔上，并保持与试块侧面平行进行前后移动，找出显示屏上 h_{20} 反射波最高点 F_{20} 后，按住探头不能移动，用【深度微调】或【脉冲移位】旋钮将 F_{20} 反射波前沿调到显示屏的扫描线刻度 2 格处，再将 F_{20} 反射波幅调至满刻度的 60%，记录【衰减器】分贝数余量（50dB）。

c. 将探头置于 h_{40} 横孔上，保持与试块侧面平行进行前后移动，找出显示屏上 h_{40} 反射波最高点 F_{40} 后，按住探头不能移动，观察 F_{40} 反射波前沿位置在 3.2 格处，与 4 格相差值 Δx＝0.8 格。此时先用【深度微调】旋钮将 F_{40} 反射波前沿调到扫描线刻度 4 格后，继续将 F_{40} 反射波前沿移到 4.8 格处，再用【脉冲移位】旋钮将 F_{40} 反射波前沿移至扫描线刻度 4 格处。然后将 F_{40} 反射波幅调至满刻度的 60%，记录【衰减器】分贝数余量（42dB）。

d. 将 CSK-ⅢA 块翻身，探测 h_{10} 孔深，确认 F_{10} 最高反射波前沿位于扫描线水平刻度 1 格处，将 F_{10} 反射波幅调至满刻度的 60%，记录【衰减器】分贝数余量（54dB）。

e. 探测 h_{30} 孔深，确认 F_{30} 最高反射波前沿位于扫描线刻度 3 格处，再将 F_{30} 反射波幅调至满刻度的 60%，记录【衰减器】分贝数余量（46dB）；同样方法探测 h_{50} 孔深，并确认 F_{50} 波的前沿在 5 格处，使其波幅调至满刻度的 60%，记录【衰减器】分贝数余量（38dB）。

f. 将孔深 10mm、20mm、30mm、40mm、50mm 的分贝数余量填入表内（表 5-3）。

表 5-3　分贝数余量明细表（基准波高 60%）　　单位：dB

孔深/mm	10	20	30	40	50
实测值 ϕ1mm×6mm	54	50	46	42	38
评定线 ϕ1mm×6mm－9dB－4dB	41	37	33	29	25
定量线 ϕ1mm×6mm－3dB－4dB	47	43	39	35	31
判废线 ϕ1mm×6mm＋5dB－4dB	55	51	47	43	39

（3）绘制 DAC 曲线图和探伤灵敏度的确定

① 以反射波幅为纵坐标，以孔深为横坐标，根据表 5-3，在坐标纸上标出评定线、定量线、判废线，标出Ⅰ区、Ⅱ区、Ⅲ区（图 5-32）。

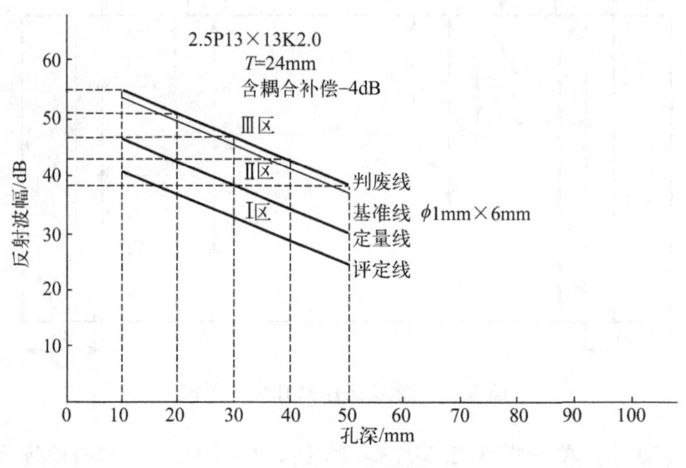

图 5-32　DAC 曲线图

② 探伤灵敏度的确定。探伤灵敏度不低于最大声程处的评定线灵敏度。首先确定探测厚度的二次波探测最大深度（即 2 倍探测厚度）所对应的评定线分贝数。

上例在探测的深度 $T=24$mm 时，表 5-3 中的孔深在 50mm 时所对应的评定线分贝数为 25dB。然后将仪器上的【衰减器】余量调至 25dB。

③ 不同厚度范围的距离-波幅曲线的灵敏度如表 5-4 所示。

表 5-4　距离-波幅曲线的灵敏度表

试块型式	板厚/mm	评定线	定量线	判废线
SCK-ⅢA	8～15	ϕ1mm×6mm－12dB	ϕ1mm×6mm－6dB	ϕ1mm×6mm＋2dB
	＞15～46	ϕ1mm×6mm－9dB	ϕ1mm×6mm－3dB	ϕ1mm×6mm＋5dB
	＞46～120	ϕ1mm×6mm－6dB	ϕ1mm×6mm	ϕ1mm×6mm＋10dB

（4）平板对接焊缝的探伤检测

试件厚度在 8～46mm 时，采用一次反射波法在焊接接头的单面双侧进行检测。

① 缺陷定位。根据显示屏上出现的缺陷最高反射波幅所对应的扫描线刻度 L_f 位置，用尺测量是否在焊缝和热影响区宽度内（L_f-l）以及焊缝厚度内 $h_f=L_f/K$，即是否在焊缝截面内（图 5-33）。

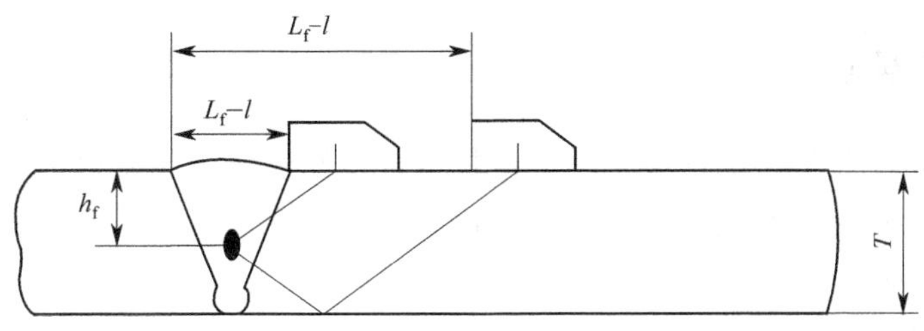

图 5-33　焊缝位置示意图

a. 在一次波时，扫描线比例是水平 1∶1 调节，则缺陷深度位置 $h_f=\frac{L_f}{K}$；扫描线比例是深度 1∶1 调节，则缺陷水平位置 $L_f=h_fK$。

b. 在二次波时，扫描线比例是水平 1∶1 调节，则缺陷深度位置 $h_f=2T-\frac{L_f}{K}$；扫描线比例是深度 1∶1 调节，则缺陷水平位置 $L_f=h_fK$。

② 缺陷定量。

a. 缺陷最大反射回波波幅（dB）值。将缺陷最大反射波调到基准波高时，记录【衰减器】上余量值（dB）。

缺陷最大反射回波在基准波高时的波幅（dB）值，与距离一波幅（dB）曲线上同深度的定量线或波幅（dB）值比较［波幅（dB）值采用插入法］。

写作：定量线 SL±［缺陷降至基准波高时波幅（dB）值一同深度定量线波幅（dB）值］，即 SL±（　）dB。

b. 缺陷长度测定（6dB 法）。将缺陷最大反射波调到基准波高 60%，再衰减－6dB（提高灵敏度 6dB），则探头向缺陷一端移动，使缺陷反射波降至基准波高 60%时，即探头的中心为缺陷的一端。再将探头向缺陷的另一端移动，使缺陷反射波降至基准波高 60%时，即探头的中心为缺陷的另一端部（图 5-34）。

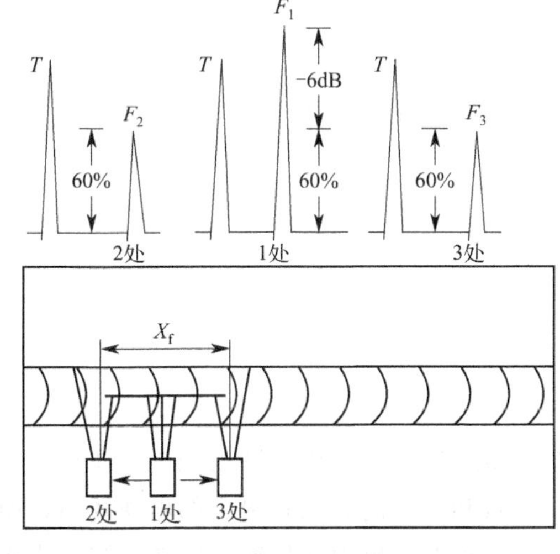

图 5-34　缺陷长度测定示意图

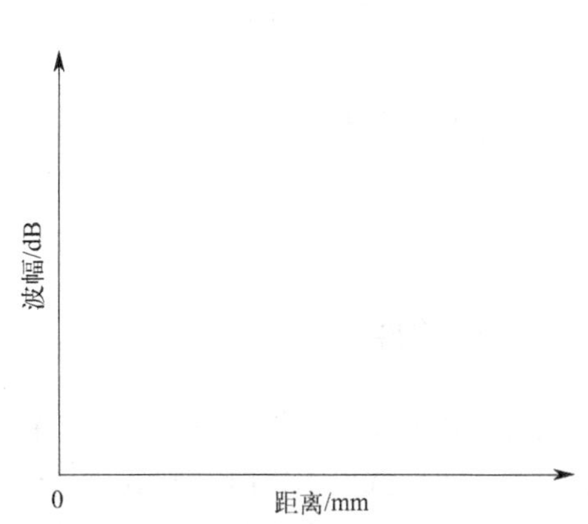

图 5-35　制作的 DAC 曲线

5.7.5 实验数据记录

① 一般概况填写包括：试件编号、试件材料、试件板厚、仪器型号、探头型式、晶片尺寸、探头频率、探头前沿、探头 K 值、标准试块、耦合剂、耦合补偿、扫描线比例、检测灵敏度、执行标准。

② 制作斜探头的 DAC 曲线，曲线如图 5-35 所示。

③ 缺陷情况记录，见表 5-5。

表 5-5 缺陷情况记录表

缺陷编号	缺陷深度/mm	缺陷长度/mm	最大波高/dB	区域

5.7.6 思考题

① 根据焊缝探伤结果，对所测工件进行安全评价，说明是否需要维修或报废。

② 通过对工件的人工探伤检测，如何理解探伤仪的最小灵敏度？如何设定探伤灵敏度？

③ 根据焊缝探伤结果，对所测工件进行安全评价，写出实验探测结果，说明是否需要维修或报废。

5.8 磁粉表面无损检测实验

5.8.1 实验目的

① 掌握磁粉探伤仪的使用方法与技能。

② 加深对磁粉检测原理的理解。

③ 能根据被检测试件的具体情况设计检测方案，并进行检测，对检测结果做出评定。

5.8.2 实验设备

磁粉探伤仪，磁粉，带伤工件。

5.8.3 实验原理

磁粉探伤的原理：铁磁材料（铁、钴、镍及其合金）置于磁场中，即被磁化。如果材料内部均匀一致而截面不变时，则其磁力线方向也是一致和不变的；当材料内部出现缺陷，如裂纹、空洞和非磁性夹杂物等，由于这些部位的磁导率很低，磁力线便产生偏转，即绕道通过这些缺陷部位。当缺陷距离表面很近时，此处偏转的磁力线就会有部分越出试件表面，形成一个局部磁场。这时将磁粉撒向试件表面，落到此处的磁粉即被局部磁场吸住，于是显现出缺陷的位置。行业标准《承压设备无损检测 第4部分：磁粉检测》（NB/T 47013.4）对磁粉检测的方法、磁痕显示的分类和记录、复验、退磁、质量分级等进行了规定。

（1）磁化方法

检测与工件轴线方向垂直或夹角大于45°的缺陷时，应使用纵向磁化法。纵向磁化可用磁轭法获得。如图5-36所示。

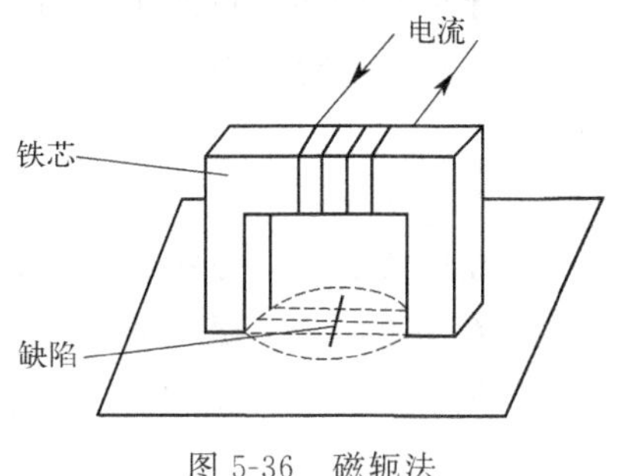

图5-36 磁轭法

（2）通电方式

工件磁化通电方式可分为连续法和剩磁法。

① 采用连续法时，磁粉或磁悬液必须在通电时间内施加完毕，通电时间为1～3s。为保证磁化效果，应至少反复磁化2次，停施磁粉或磁悬液至少1s后，才可停止磁化。

② 采用剩磁法时，磁粉应在通电结束后再施加，一般通电时间为0.25～1s。当采用冲击电流时，通电时间不少于0.01s，且至少反复磁化3次。

（3）磁化方向

被检工件的每一被检区域至少应进行两次独立的检测，两次检测的磁力线方向应大致相互垂直，条件允许时，可使用旋转磁场以及交直流复合磁化方法。

（4）电流类型及其选用

① 磁粉检测中磁化工件常用的电流类型有：交流、单相半波整流、全波整流和直流。

② 交流电磁化法由于“集肤效应”，对于表面开口缺陷有较高的检测灵敏度，且退磁方便。

③ 对于近表面及埋藏缺陷，直流、全波整流、半波整流磁化法有较高的检测灵敏度，但退磁时要有专门的退磁装置。

（5）表面准备

① 被检工件的表面粗糙度 Ra 不大于12.5μm。

② 被检工件表面不得有油脂或其他黏附磁物的物质。

③ 被检工件上的孔隙在检测后难以清除磁粉时，则应在检测前用无害物质堵塞。

④ 为了防止电弧烧伤工件表面和提高导电性能，必须将工件和电极接触部分清除干净，必要时应在电极上安装接触垫。

（6）检测时机

① 通常焊缝的磁粉检测应安排在焊接工序完成之后。对于有延迟裂纹倾向的材料，磁粉检测应安排在焊后24h。

② 除另有要求外，对于紧固件和锻件的磁粉检测应安排在最终热处理之后。

（7）磁化规范

① 采用磁轭法磁化工件时，其磁化电流应根据灵敏度试片或提升力校验来确定。

② 磁轭的磁极间距应控制在50～200mm之间，检测的有效区域为两极连线两侧各50mm的范围内，磁化区域每次应有15mm的重叠。

（8）磁粉的施加

当工件被磁化后，可用下述任一方法施加磁粉。

① 干粉法。

a. 采用干粉法，应确认检测面和磁粉已完全干燥，再施加磁粉。

b. 干磁粉的施加可采用手动或电动喷粉器以及其他合适的工具。磁粉应均匀地撒在工件被检面上。磁粉不应施加过多，以免掩盖缺陷磁痕。在吹去多余磁粉时不应干扰缺陷磁痕。

② 注意事项。

a. 在连续法中，磁粉的施加必须在磁化过程中完成。

b. 在剩磁法中，磁粉的施加必须在磁化结束后进行。必须注意，施加磁粉之前任何磁性物体不得接触被检工件的检测面。

(9) 退磁

① 当有要求时，工件在检查后应进行退磁。

② 退磁一般是将工件放入等于或大于磁化工件磁场强度的磁场中，然后不断改变磁场方向，同时逐渐减小磁场强度使其趋于零。

a. 交流退磁法。将需退磁的工件从通电的磁化线圈中缓慢抽出，直至工件离开线圈 1m 以上时，再切断电流。或将工件放入通电的磁化线圈内，将线圈中的电流逐渐减小至零。

b. 直流退磁法。将需退磁的工件放入直流电磁场中，不断改变电流方向，并逐渐减小电流至零。

c. 大型工件退磁。大型工件可使用交流电磁轭进行局部退磁或采用缠绕线圈分段退磁。

(10) 磁痕评定与记录

① 除能确认磁痕是由于工件材料局部磁性不均或操作不当造成的之外，其他一切磁痕显示均作为缺陷磁痕处理。

② 长度与宽度之比大于 3 的缺陷磁痕，按线型缺陷处理，长度与宽度之比小于或等于 3 的缺陷磁痕，按圆形缺陷处理。

③ 缺陷磁痕长轴方向与工件轴线或母线的夹角大于或等于 30°时，作为横向缺陷处理，其他按纵向缺陷处理。

④ 两条或两条以上缺陷磁痕在同一直线上且间距小于或等于 2mm 时，按一条缺陷处理，其长度为两条缺陷之和加间距。

⑤ 长度小于 0.5mm 的缺陷磁痕不计。

⑥ 所有磁痕的尺寸、数量和产生部位均应记录，并图示。

⑦ 磁痕的永久性记录可采用胶带法、照相法以及其他适当的方法。

⑧ 非荧光磁粉检测时，磁痕的评定应在可见光下进行，工件被检面处可见光照度应不小于 500lx。荧光磁粉检测时，磁痕的评定应在暗室内进行，暗室内可见光照度应不大于 20lx，工件被检面处的紫外线强度应不小于 10^{-6} W/cm^2。

⑨ 当辨认细小缺陷磁痕时，应用 2～10 倍放大镜进行观察。

(11) 复验

当出现下列情况之一时，应进行复验。

① 检测结束时，用灵敏度试片验证检测灵敏度不符合要求；

② 发现检测过程中操作方法有误；

③ 供需双方有争议或认为有其他需要时；

④ 经返修后的部位。

(12) 缺陷等级评定

① 下列缺陷不允许存在：

a. 任何裂纹和白点；

b. 任何横向缺陷显示；

c. 焊缝及紧固件上任何长度大于 1.5mm 的线型缺陷显示；

d. 锻件上任何长度大于 2mm 的线型缺陷显示；

e. 单个尺寸大于或等于 4mm 的圆形缺陷显示。

② 缺陷显示累积长度的等级评定按表 5-5 进行。

5.8.4 实验报告

磁粉检测报告应至少包括以下内容：

① 被检工件名称、编号；

② 被检工件材质、热处理状态及表面状态；

③ 检测装置的名称、型号，磁粉种类；

④ 施加磁粉的方法，磁化方法及磁化规范；

⑤ 缺陷记录（拍照）；

⑥ 工件草图（或示意图）；

⑦ 检测结果及缺陷等级评定、检测标准名称；

⑧ 检测人员和责任人员签字及其技术资格；

⑨ 检测日期。

5.8.5 实验数据记录

通过实验，根据表 5-6，写出实验测试结果，并对缺陷等级进行评定。

表 5-6　缺陷显示累积长度的等级评定　　单位：mm

评定区尺寸		35×100 用于焊缝及高压紧固件	100×100 用于各类锻件
等级	Ⅰ	<0.5	<0.5
	Ⅱ	≤2	≤3
	Ⅲ	≤4	≤9
	Ⅳ	≤8	≤18
	Ⅴ	大于Ⅳ级者	

5.8.6 思考题

简要说明磁粉表面无损探测的工作原理，阐述磁粉表面无损探测方法的优点和不足。

第 6 章

燃烧学安全技术

6.1 可燃液体闪点测定实验

6.1.1 实验目的

① 掌握使用开口闪点和燃点实验器，测定石油产品闪点的正确操作方法。

② 测量燃料及油类的闪点，加深对燃料闪点概念及在使用、储存、运输燃料过程中如何避免发生燃烧等意外事故的理解。

6.1.2 实验设备

① 实验仪器：石油产品实验用液体温度计、SYP1001-Ⅱ型石油产品开口闪点和燃点实验器。

② 实验材料：溶剂油、试样。

6.1.3 实验原理

(1) 闪点与燃点

油类受热时轻质部分先蒸发，起初蒸发量少，随着油温的上升，油的蒸发量会不断增加，当接近某一温度时，蒸发的气体达到一定浓度，此时将火焰移近，即有断续的蓝色闪光现象，此即为闪点。当蒸发量增至足以与空气混合而产生可燃性混合物时，该油类即着火燃烧，此继续燃烧的温度为燃点，此与油性、加热温度、空气流通情形有关。

(2) 方法概要

把试样装入内坩埚中到规定的刻线。首先迅速升高试样的温度，然后缓缓升温，当接近闪点时，恒速升温。在规定的温度间隔，用一个小的点火器火焰，按规定通过试样表面，以点火器火焰使试样表面上的蒸气发生闪火的最低温度，作为开口闪点。

6.1.4 实验步骤

(1) 准备试样

试样的水分大于0.1%时，必须脱水。脱水处理是在试样中加入新煅烧并冷却的食盐、硫酸钠或无水氯化钙。

闪点低于100℃的试样脱水时不必加热，其他试样允许加热至50～80℃时用脱水剂脱水。

脱水后，取试样的上层澄清部分供实验使用。

(2) 准备测试仪器

内坩埚用溶剂油洗涤后，放在电炉上加热，除去遗留的溶剂油。待内坩埚冷却至室温时，放入装有细砂（经过煅烧）的外坩埚中，使细砂表面距离内坩埚的口部边缘约12mm，并使内坩埚底部与外坩埚底部之间保持厚度5～8mm的砂层。对闪点在300℃以上的试样进行测定时，两只坩埚底部之间的砂层厚度允许酌情减薄。

(3) 加入试样

试样注入内坩埚时，对于闪点在210℃及以下的试样，液面距离坩埚口部边缘为12mm（即内坩埚内的上刻线处）；对于闪点在210℃以上的试样，液面距离口部边缘为18mm（即内坩埚内的下刻线处）。

试样向内坩埚注入时，不应溅出，而且液面以上的坩埚壁不应沾有试样。

(4) 安装测定装置

将装好试样的坩埚平稳地放置在支架的电炉上，再将温度计垂直地固定在温度计夹上，并使温度计的水银球位于内坩埚中央，与坩埚底和试样液面的距离大致相等。

测定装置应放在避风和较暗的地方，并用防护屏围着，使闪点现象能够看得清楚。

(5) 加热

加热坩埚，使试样逐渐升高温度，当试样温度达到预计闪点前60℃时，调整加热速度，使试样温度达到闪点前40℃时升温速度为(4±1)℃/min。

(6) 点火

试样温度达到预计闪点前10℃时，将点火器的火焰放到距离试样液面10～14mm处，并在该处水平面上沿着坩埚内径做直线移动，从坩埚的一边移至另一边所经过的时间为2～3s。试样温度每升高2℃应重复一次点火试验。

点火器的火焰长度，应预先调整为3～4mm。

(7) 读数

试样液面上方最初出现蓝色火焰时，立即从温度计上读出温度作为闪点的测定结果，同时记录大气压力。

注意：试样蒸气的闪火同点火器火焰的闪光不应混淆。如果闪火现象不明显，必须在试样升高2℃后继续点火证实。

(8) 重复测定

重复步骤(2)～(7)进行第二次实验。

6.1.5 实验数据记录

（1）大气压力对闪点影响的修正

① 大气压力低于 99.3kPa（745mmHg）时，实验所得到的闪点 t_0（℃）按式(6-1)进行修正（精确到 1℃）：

$$t_0=t+\Delta t \tag{6-1}$$

式中 t_0——相当于 101.3kPa（760mmHg）大气压力时的闪点,℃；

Δt——闪点修正数,℃。

② 大气压力在 72.0～101.3kPa（540～760mmHg）范围内时，闪点修正数 Δt（℃）可按式(6-2) 或式(6-3) 计算：

$$\Delta t=(0.00015t+0.028)\times(101.3-p)\times7.5 \tag{6-2}$$

$$\Delta t=(0.00015t+0.028)\times(760-p_1) \tag{6-3}$$

式中 p——实验条件下的大气压力，kPa；

t——在实验条件下测得的闪点（300℃以上仍按 300℃计),℃；

0.00015，0.028——实验常数；

7.5——大气压力单位换算系数；

p_1——实验条件下的大气压力，mmHg。

注意：对 64.0～71.9kPa（480～539mmHg）大气压力范围，测得闪点的修正数 Δt 也可参照式(6-2) 或式(6-3) 进行计算。

（2）精密度要求

同一操作者重复测定的两个闪点结果之差不应大于表 6-1 所示数值。

不同实验者而试样相同时测定的两个闪点结果之差应不大于表 6-2 所示数值。

表 6-1 同一操作者重复测定时的重复性要求

闪点/℃	重复性/℃
≤150	4
＞150	6

表 6-2 不同实验者测定相同试样时的重复性要求

闪点/℃	重复性/℃
≤150	6
≥150	9

（3）结果计算

取重复测定两个闪点的算术平均值作为试样的闪点。

6.1.6 思考题

① 为什么要测定油品的开口闪点？影响测定开口闪点的因素是什么？

② 为何实验过后的试样不可再重复实验？如重复实验，将会得到怎样的实验结果？

③ 液体燃料在储存和搬运时应注意哪些安全事项？

6.2 固体材料氧指数测定实验

6.2.1 实验目的

① 明确氧指数的定义及其用于评价高聚物材料相对燃烧性的原理。

② 掌握使用 JF-3 型氧指数测定仪测定易燃材料氧指数的正确操作方法。

③ 根据测定材料的氧指数，理解其意义，并加深氧指数的高低对材料在使用、储存、运输的过程中如何避免发生燃烧等意外事故的理解。

④ 评价常见材料的燃烧性能。

6.2.2 实验设备

① 实验仪器：JF-3 型氧指数测定仪。

② 实验材料：氧气、氮气、均质固体材料、层压材料、泡沫塑料、织物、软片和薄膜等。

6.2.3 实验原理

（1）氧指数

物质燃烧时，需要消耗大量的氧气，不同的可燃物，燃烧时需要消耗的氧气量不同，通过对物质燃烧过程中消耗最低氧气量的测定，计算出物质的氧指数，可以评价物质的燃烧性能。氧指数（OI）是指在规定的实验条件下，试样在氧氮混合气流中，维持平稳燃烧所需的最低氧气浓度，以氧所占的体积分数表示。根据氧指数判断材料在空气中与火焰接触时燃烧的难易程度。OI＜27％属易燃材料，27％≤OI＜32％属可燃材料，OI≥32％属难燃材料。

氧指数测定仪由燃烧筒、试样夹、流量控制系统及点火器组成，如图 6-1 所示。

（2）实验方法

① 检查气路。

② 确定实验开始时的氧浓度。根据经验或试样在空气中点燃的情况，估计开始实验时的氧浓度。

③ 安装试样。将试样夹在夹具上，垂直地安装在燃烧筒的中心位置上，保证试样顶端低于燃烧筒顶端至少 100mm，罩上燃烧筒。

④ 通气并调节流量。开启氧、氮气钢瓶阀门，调节减压阀压力为 0.2～0.3MPa，然后开启氮气和氧气管道阀门，调节稳压阀，仪器压力表指示压力为 0.10MPa±0.01MPa，并保持该压力。调节流量调节阀，通过转子流量计读取数据，得到稳定流速的氧、氮气流。

⑤ 点燃试样。用点火器从试样的顶部中间点燃，勿使火焰碰到试样的棱边和侧表面。在确认试样顶端全部着火后，立即移去点火器，开始计时或观察试样烧掉的长度。点燃试样时，火焰作用的时间最长为 30s，若在 30s 内不能点燃，则应增大氧浓度，继续点燃，直至 30s 内点燃为止。

⑥ 确定临界氧浓度的大致范围。点燃试样后，立即开始计时，观察试样的燃烧长度及

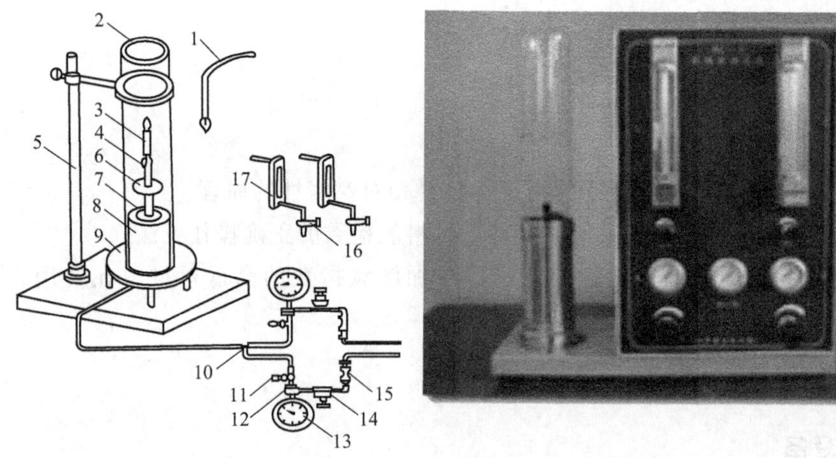

图 6-1　氧指数测定仪示意图和实物图

1—点火器；2—玻璃燃烧筒；3—燃烧着的试样；4—试样夹；5—燃烧筒支架；
6—金属网；7—测温装置；8—装有玻璃珠的支座；9—基座架；10—气体预混合结点；
11—截止阀；12—接头；13—压力表；14—精密压力控制器；
15—过滤器；16—针阀；17—气体流量计

燃烧行为。若燃烧终止，但在1s内又自发再燃，则继续观察和计时。如果试样的燃烧时间超过3min，或燃烧长度超过50mm，记录实验现象为“×”，如试样燃烧在3min和50mm之前熄灭，记录实验现象为“○”。如此在氧的体积分数的整数位上寻找这样相邻的四个点，要求这四个点处的燃烧现象为“○○××”，此范围即为所确定的临界氧浓度的大致范围。

⑦ 在上述测试范围内，缩小步长，从低到高，氧浓度每升高0.4%重复一次以上测试，观察现象，并记录。

⑧ 根据上述测试结果确定氧指数OI。

6.2.4　实验步骤

① 取标准试样至少15根，分别在试样的任意一端50mm处画线，将另一端插入燃烧柱内试样夹中。

② 试样类型、尺寸和用途见表6-3。

表6-3　试样类型、尺寸和用途记录表

类型	形式	长/mm		宽/mm		厚/mm		用途
		基本尺寸	极限偏差	基本尺寸	极限偏差	基本尺寸	极限偏差	
自撑材料	Ⅰ	80～150	—	10	±0.5	4	±0.25	用于模塑材料
	Ⅱ					10	±0.5	用于泡沫材料
	Ⅲ					<10.5	—	用于原厚的片材
	Ⅳ	70～150		6.5		3	±0.25	用于电器用模塑材料或片材
非自撑材料	Ⅴ	140	−5	52		≤10.5		用于软片或薄膜等

注：不同形式、不同厚度的试样，测试结果不可比。

③ 根据经验或试样在空气中点燃的情况，估计开始的氧浓度。如在空气中迅速燃烧，则开始实验时氧浓度为18%左右；在空气中缓慢燃烧或时断时续，则为21%左右；在空气中离开点火源即灭，则至少25%左右。

④ 重新打开氮气、氧气稳压阀，仪器压力表指示值为（0.15±0.01）MPa，并同时调节流量，使氮气、氧气混合流量为（10.0±0.5）L/min（球形浮子看最大直径处），此时数显窗口显示的数值，即为当前的氧浓度值（亦称氧指数）。若提高氧浓度，则增大氧流量，减少氮流量，否则反之，并始终保持总流量10L/min不变。

氧浓度确定后稳定30s，然后用点火器（火焰长度12～20mm）点燃试样顶端，点火时间根据材料着火快慢而定，最长不超过30s，移出点火器，并立即计时，试样刚好燃烧3min或50mm长，熄灭，所需的最低氧浓度为氧指数。实验结束后关闭电源、气源，并清理残留物。

⑤ 总流量的测定。燃烧筒圆面积$S(cm^2)$×流速V[(4cm±1cm)/min]×t(min)/1000=总流量L。为了计算操作方便，节约用气量，建议每分钟总流量定为10L较为合适，也就是$V_{O_2}+V_{N_2}=(10.0\pm0.5)$L/min。

⑥ 氧指数的计算。以体积分数表示的氧指数，按式(6-4)计算：

$$\mathrm{OI}=F+Kd \tag{6-4}$$

式中 OI——氧指数,%；

F——N系列最后一个氧浓度，取一位小数,%；

d——测试步长，即每次改变氧浓度升或降，都以0.4%计；

K——查表所得的系数［详见国家标准《塑料 用氧指数法测定燃烧行为 第2部分：室温试验》(GB/T 2406.2)］。

6.2.5 实验数据记录

（1）数据记录

见表6-4。

表6-4 实验数据记录表

实验次数	1	2	3	4	5	6	7	8	9	10
氧浓度/%										
氮浓度/%										
燃烧时间/s										
燃烧长度/mm										
燃烧结果										

注：第二、三行记录的分别是氧气和氮气的体积分数（需将流量计读出的流量计算为体积分数后再填入）。

第四、五行记录的燃烧时间和长度分别为：若氧过量（即烧过50mm的标线），则记录烧到50mm所用的时间；若氧不足，则记录实际熄灭的时间和实际烧掉的长度。

第六行的结果即判断氧是否过量，氧过量记“×”，氧不足记“○”。

（2）数据处理

根据上述实验数据计算试样的氧指数OI，即取氧不足的最大氧浓度值和氧过量的最小氧浓度值两组数据计算平均值。

（3）注意事项

① 试样制作要精细、准确，表面平整、光滑。每个试样长、宽、高等于(70～150)mm×(6.5±0.5)mm×(3.00±0.25)mm。每组应制备10个标准试样。试样表面清洁，无影响燃烧行为的缺陷，如：气泡、裂纹、飞边、毛刺等。距离点燃端50mm处画一条刻线。

② 氧、氮气流量调节要得当，压力表指示处于正常位置，禁止使用过高气压，以防损坏设备。

③ 流量计、玻璃筒为易碎品，实验中谨防打碎。

6.2.6 思考题

① 实验材料的燃烧性能属于哪个级别？

② 高聚物氧指数为什么可以用来评定其燃烧性能？

③ 除了氧指数，你认为还有哪些参数可以反映材料的燃烧性能？

④ 氧指数与爆炸三角形中的临界氧浓度意义是否一样？

6.3 固体材料燃烧热测定实验

6.3.1 实验目的

① 明确燃烧热的定义，了解恒压燃烧热和恒容燃烧热的差别和联系。

② 掌握量热技术的基本原理，学会测定萘的燃烧热。

③ 了解氧弹热量计主要部件的作用，掌握热量计的实验技术。

④ 学会用雷诺图解法校正温度变化。

6.3.2 实验设备

① 实验设备：氧弹热量计；氧气钢瓶；压片机；数字式贝克曼温度计；0～100℃温度计；万用电表；扳手；万分之一物理天平。

② 实验材料：苯甲酸（燃烧热专用）；萘（AR）；铁丝或镍铬丝、铜丝、棉线等(10cm长)。

6.3.3 实验原理

（1）量热技术的基本原理

燃烧热是指1mol物质完全燃烧时所放出的热量。在恒容条件下测得的燃烧热称为恒容燃烧热（Q_V），恒容燃烧过程的内能变化为ΔU。在恒压条件下测得的燃烧热称为恒压燃烧热（Q_p），恒压燃烧热等于该过程的热焓变化（ΔH）。若把参加反应的气体和反应生成的气体作为理想气体处理，则有下列关系式：

$$\Delta H_m = Q_p = Q_V + \Delta nRT \tag{6-5}$$

量热反应测量的基本原理为能量守恒定律。热是一个很难测定的物理量，热量的传递往往表现为温度的改变，而温度却很容易测量。本实验采用氧弹热量计为测量仪器[图 6-2(a)]。氧弹是一个特制的不锈钢容器[图 6-2(b)]，为了保证样品完全燃烧，氧弹中应充以高压氧气（或者其他氧化剂），还必须使燃烧后放出的热量尽可能全部传递给热量计本身和其中盛放的水，而几乎不与周围环境发生热交换。

在盛有定水的容器中，样品物质的量为 n，放入密闭氧弹（充氧），使样品完全燃烧，放出的热量传给水及仪器各部件，引起温度上升。设系统（包括内水桶、氧弹本身、测温器件、搅拌器和水）的总热容为 C（通常称为仪器的水当量，即热量计及水每升高 1K 所需吸收的热量），假设系统与环境之间没有热交换，燃烧前、后的温度分别为 T_1、T_2，则此样品的恒容摩尔燃烧热为：

$$Q_{V,m}=\frac{C(T_2-T_1)}{n} \tag{6-6}$$

式中 $Q_{V,m}$——样品的恒容摩尔燃烧热，J/mol；

n——样品的物质的量，mol；

C——仪器的总热容，J/K 或 J/℃。

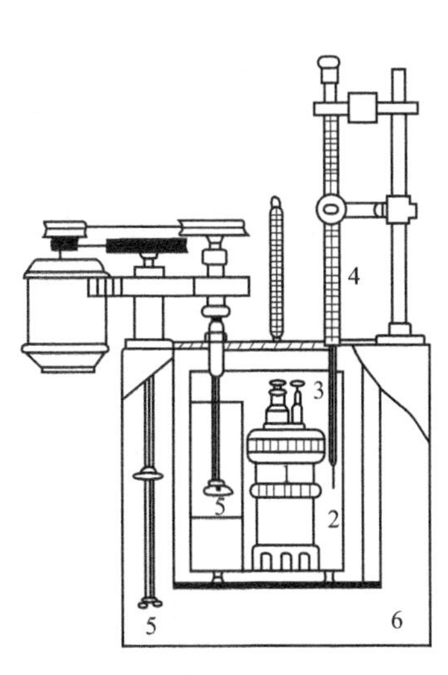

(a) 氧弹热量计构造示意图

1—氧弹;2—内水桶(量热容器);
3—电极;4—温度计;5—搅拌器;
6—恒温外套

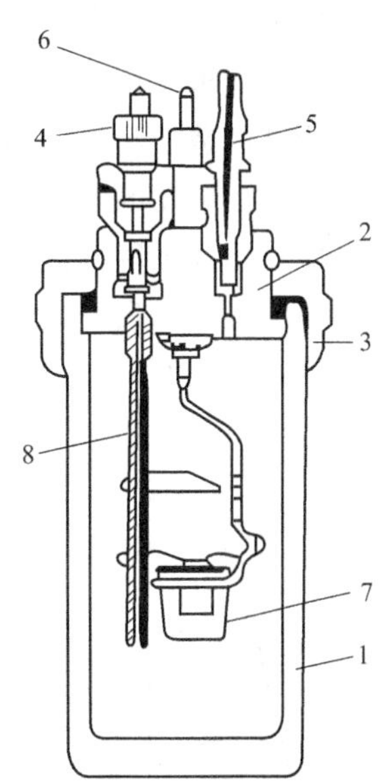

(b) 氧弹构造示意图

1—厚壁圆筒;2—弹盖;3—螺母;
4—进气孔;5—排气孔;6—电极;
7—燃烧皿;8—电极(也是进气管)

图 6-2 氧弹热量计及氧弹构造示意图

上述公式是最理想、最简单的情况。但由于氧弹热量计不可能完全绝热，热漏在所难免。因此，燃烧前后温度的变化不能直接用测到的燃烧前后的温度差来计算，必须经过合理的雷诺校正才能得到准确的温差变化。此外多数物质不能自燃，如本实验所用萘，必须借助电流引燃点火丝，再引起萘的燃烧，因此，必须把点火丝燃烧所放热量考虑进去，于是得出式(6-7)：

$$-nQ_{\mathrm{V,m}}-m_{点火丝}Q_{点火丝}=C\Delta T \tag{6-7}$$

式中　n——样品的物质的量，mol；

$Q_{\mathrm{V,m}}$——样品的恒容摩尔燃烧热，J/mol；

$m_{点火丝}$——点火丝的质量，g；

$Q_{点火丝}$——点火丝的燃烧热，铁丝为－6699J/g，J/g；

C——仪器的总热容，J/K；

ΔT——校正后的温度升高值，K。

仪器热容的求法是用已知燃烧焓的物质（如本实验用苯甲酸），放在热量计中燃烧，测其始、末温度，经雷诺校正后，按式(6-7) 即可求出 C。

(2) 雷诺校正

雷诺校正的目的是消除体系与环境间存在热交换造成的对体系温度变化的影响。其校正方法如下：

将燃烧前后历次观察的贝氏温度计读数对时间作图，连成 $FHDG$ 线，如图 6-3、图 6-4。图 6-3、图 6-4 中 H 相当于开始燃烧之点，D 为观察到最高温度时读数点，将 H 所对应的温度 T_1、D 所对应的温度 T_2，计算其平均温度，过 T 作横坐标的平行线，交 $FHDG$ 线于一点，过该点作横坐标的垂线 a，然后将 FH 线和 GD 线外延交 a 线于 A、C 两点，A 与 C 所表示的温度差即为欲求温度的升高 ΔT。图 6-3、图 6-4 中 AA' 表示由环境辐射进来的热量和搅拌引进的能量而造成热量计温度的升高，必须扣除；CC' 表示热量计向环境辐射出热量和搅拌而造成热量计温度的降低，因此需要加上。由此可见，A、C 两点的温度差客观地表示了样品燃烧使热量计温度升高的数值。

有时热量计的绝热情况良好，热漏小，而搅拌器功率大，不断引进少量热量，使得燃烧后的最高点不出现，如图 6-4，这种情况下 ΔT 仍可以按同法校正。

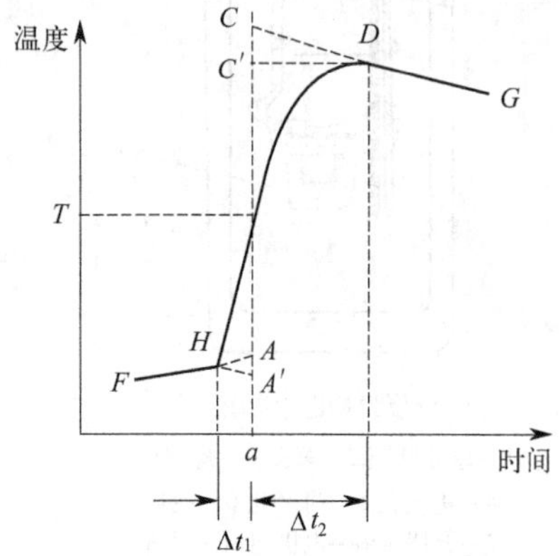

图 6-3　绝热较差时的雷诺校正图

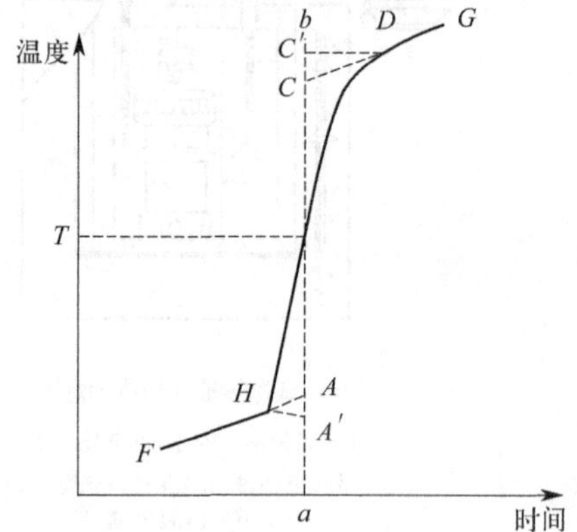

图 6-4　绝热良好时的雷诺校正图

6.3.4　实验步骤

(1) 氧弹热量计和水总热容 C 的测定

① 样品压片。称取苯甲酸约 1.0～1.2g，压片，准确称取约 10cm 长的点火丝，将点火

丝绑在样品上，准确称其质量，称准到 0.0001g。

② 装置氧弹，充氧气。在氧弹中加入 10mL 的蒸馏水，把盛有苯甲酸片的坩埚放于氧弹内的坩埚架上，再将一段已知质量的点火丝的两端固定在电极上，将其中段放在苯甲酸片正上方保持近似接触。点火丝勿接触坩埚（可预先检查），以免引起短路，致使点火失败。盖好氧弹，与减压阀相连，然后通过进气管缓慢地通入氧气，直到充气到氧弹内压力为 3MPa 为止。氧弹不应漏气，如有漏气现象，应找出原因，重新充气。

③ 内筒加水。将充有氧气的氧弹放入量热容器（内筒）中，加入蒸馏水 3000g（称准到 0.5g)，加入的水应淹到氧弹进气阀螺母高度的 2/3 处，每次用量必须相同。

④ 外筒加水。蒸馏水的温度应根据室温和恒温外套（外筒）水温来调整，在测定开始时外筒水温与室温相差不得超过 0.5℃。当使用热容量较大（如 3000g 左右）的热量计时，内筒水温比外筒水温应低 0.7℃；当使用热容量较小（如 2000g 左右）的热量计时，内筒水温应比外筒水温低 1℃左右。

⑤ 燃烧热温度的测定。插入数显贝克曼温度计的温度探头，接好电路，测温探头和搅拌器均不得接触氧弹和内筒，约 10min 后，若温度变化均匀，开始读取温度，读数前 5s 振动器自动振动，两次振动间隔 1min，每次振动结束读数。整个实验可分为初期、主期和末期三个阶段。

- 初期：这是试样燃烧以前的阶段。在这一阶段观测和记录周围环境与量热体系在实验开始温度下的热交换关系。计时开关指向“半分”，每隔半分钟读取温度一次，共读取 10 次，得出 10 个温度差（即 10 个间隔数）。

- 主期：燃烧定量的试样，产生的热量传给热量计，使热量计装置的各部分温度达到均匀。在初期的最后一次读取温度的瞬间，按下“点火”键点火（点火时电压根据点火线的粗细实验确定。在点火线与两极连接好后，不放入氧弹内，通电实验以后点火线烧断为适合)，然后开始读取主期的温度，读数前 5s 振动器自动振动，两次振动间隔 1min，每次振动结束读数。每半分钟读取温度一次，直到温度不再上升而开始下降的第一次温度为止，这个阶段算作主期。

- 末期：这一阶段的目的与初期相同，是观察在实验终了温度下的热交换关系。在主期读取最后一次温度后，每半分钟读取温度一次，共读取温度 10 次作为实验的末期。

⑥ 实验结束，取出氧弹。停止观测温度后，先取出贝克曼温度计，再取氧弹，用放气帽缓缓压下放气阀，在 1min 左右放尽气体，拧开并取下氧弹盖，量出未燃烧的引火线长度，计算其实际消耗的质量。随后仔细检查氧弹，如氧弹中有烟黑或未燃尽的试样微粒，此实验应作废。最后用干布将氧弹内外表面和弹盖擦净。

注意：热容量的测定结果不得少于 5 次，极差不应超过 60J。

(2) 萘的恒容燃烧热的测定

取萘 0.5g 压片，重复上述步骤进行实验，记录燃烧过程中温度随时间变化的数据。

(3) 氧弹热量计和水总热容 C 的计算

苯甲酸的燃烧反应方程式为：

$$C_7H_6O_2(s)+\frac{15}{2}O_2(g)\longrightarrow 7CO_2(g)+3H_2O(l)$$

当室温为 25.0℃时苯甲酸的燃烧焓为：$\Delta_c H_m(25.0℃)=-3226.9kJ/mol$

苯甲酸的恒容摩尔燃烧热为：

$$Q_{V,\mathrm{m}}=\Delta_c U_\mathrm{m}=\Delta_c H_\mathrm{m}-RT\sum_\mathrm{B}V_\mathrm{B} \tag{6-8}$$

式中 $Q_{V,\mathrm{m}}$——恒容燃烧热，kJ/mol；

$\Delta_c U_\mathrm{m}$——恒容燃烧热过程的内能变化量，kJ；

$\Delta_c H_\mathrm{m}$——燃烧焓变量，kJ/mol；

R——理想气体常数，8.413J/(mol·K)；

T——热力学温度，K；

$\sum_\mathrm{B}V_\mathrm{B}$——理想状态下单位物质的量的物质燃烧气体体积增大量。

结合式(6-7)、式(6-8)，可知仪器（氧弹热量计和水）的总热容量公式：

$$C=\frac{-nQ_{V,\mathrm{m}}-Q_{丝}m_{丝}}{\Delta T} \tag{6-9}$$

(4) Δt 的近似处理

事实上，对体系与环境间存在热交换造成的对体系温度变化影响的校正，用雷诺校正是比较烦琐的。本实验建议用本特公式进行近似求算热量计校好的校正值 Δt，其计算公式如下：

$$\Delta t=\frac{(V_1+V_2)r}{2}+V_1 S \tag{6-10}$$

式中 V_1——初期温度速度,℃/间隔数；

V_2——末期温度速度,℃/间隔数；

S——在主期中每半分钟温度上升不小于 0.3℃的间隔数，第一个间隔不管温度升多少都进入 S 中；

r——在主期中每半分钟温度上升小于 0.3℃的间隔数。

得到调整校正值 Δt 后，则校正后的温度升高值 ΔT 为：

$$\Delta T=\Delta T_{主期}+\Delta t \tag{6-11}$$

式中 ΔT——校正后的温度升高值，K；

$\Delta T_{主期}$——主期的温度升高值，K。

(5) 萘燃烧热的计算方法

根据式(6-7) 并结合所测，通过转化，萘的恒容燃烧热表示为：

$$Q_{V,\mathrm{m}}=\frac{-C\Delta T-Q_{点火丝}m_{点火丝}}{n} \tag{6-12}$$

6.3.5 实验数据记录

① 燃烧热文献值，见表 6-5。

表 6-5 燃烧热文献值

恒压燃烧热	kcal/mol	kJ/mol	J/g	测定条件
苯甲酸	−771.24	−3226.9	−26410	$p^\ominus$,25℃
萘	−1231.8	−5153.89	−40205	$p^\ominus$,25℃

② 原始数据记录表，见表 6-6。

表 6-6 原始数据记录表 室温：℃

点火丝： g
苯甲酸＋点火丝(精测)： g
点火后剩余： g
苯甲酸净含量： g
点火丝消耗质量： g

总次数(30s/次)/次	温度 T/℃	总次数(30s/次)/次	温度 T/℃	总次数(30s/次)/次	温度 T/℃
1		17		33	
2		18		34	
3		19		35	
4		20		36	
5		21		37	
6		22		38	
7		23		39	
8		24		40	
9		25		41	
10		26		42	
11		27		43	
12		28		44	
13		29		45	
14		30		46	
15		31		47	
16		32		48	

点火丝： g
萘＋点火丝(精测)： g
点火后剩余： g
萘净含量： g
点火丝消耗质量： g

总次数(30s/次)/次	温度 T/℃	总次数(30s/次)/次	温度 T/℃	总次数(30s/次)/次	温度 T/℃
1		13		25	
2		14		26	
3		15		27	
4		16		28	
5		17		29	
6		18		30	
7		19		31	
8		20		32	
9		21		33	
10		22		34	
11		23		35	
12		24		36	

6.3.6 思考题

① 试根据所求得试样萘的恒容燃烧热，求算其恒压燃烧热，并计算与文献值的误差。

② 试分析实验过程中可能存在的误差及原因。

③ 测量燃烧热两个关键要求是什么？如何保证达到这两个要求？

④ 什么是热量计和水的总热容量？如何测得？

6.4 汽车内饰材料燃烧性能测定实验

6.4.1 实验目的

① 明确材料燃烧性能测试的原理。

② 掌握使用 QCS-1 型汽车内饰材料燃烧实验装置的正确操作方法。

③ 根据测定材料的燃烧性能，理解其意义，在规定的条件下判定建筑材料是否具有可燃性，并加深燃烧性能的高低对材料在使用、储存、运输的过程中如何避免发生燃烧等意外事故的理解。

④ 评价常见材料的燃烧性能。

6.4.2 实验设备

① 实验仪器：QCS-1 型汽车内饰材料燃烧实验装置。

② 实验材料：煤气、内饰材料。

6.4.3 实验原理

(1) 燃烧速度

QCS-1 型汽车内饰材料燃烧实验装置，是根据《汽车内饰材料的燃烧特性》(GB 8410) 规定的技术要求而设计的。该仪器适用于鉴别轿车、多用乘客车、载货汽车和客车内饰材料的水平燃烧特性。根据燃烧内饰材料的燃烧距离和所花费的时间来求出材料的水平燃烧性能。燃烧速度 V (mm/min) 按下式计算：

$$V=L/(60T) \tag{6-13}$$

式中 L——燃烧距离，mm；

T——燃烧距离 L 所用的时间，s。

(2) 试样尺寸

长 356mm、宽 100mm、厚≤13mm。

6.4.4 实验步骤

① 用温度计测量燃烧箱内和试样夹最高温度不超过 30℃，以便进行实验。

② 将预处理过的试样取出，把表面起毛或簇绒的试样放在平整的台面上，用梳子在起毛面上沿绒毛方向平整梳两次，并将暴露面向下装在试样夹上（当试样长度小于规定尺寸时，应将试样置于试样夹上金属网的中间处）。

③ 接通电源、气源，并调整本生灯灯口到试样下面的距离为19mm（出厂前已经调整好），打开燃气开关，点着本生灯，关闭本生灯的空气进气口，调节火焰高度为38mm，在做实验前至少稳定燃烧1min，关闭燃烧室门。

④ 将试样夹推进燃烧室中。

⑤ 使试样自由端在火焰中引燃15s后，立刻关闭燃气开关，取下温度计。

⑥ 观察火焰根部通过第一测量点的一瞬间开始用秒表记录燃烧时间。注意观察燃烧较快一面的火焰传播情况及燃烧熔融物状况。

⑦ 当火焰达到最终测量点或者火焰中途熄灭时，停止计时。若火焰中途熄灭，应测量燃烧距离。燃烧距离是指试样表面或内部已经烧坏损毁的部分。

⑧ 如果试样在接触火焰15s之后不能燃烧，或当火焰到达第一测量点之前就已经熄灭，无时间可计，则其燃烧速度均记为0mm/min。实验结束后应关闭电源、气源，对燃烧箱试样夹进行必要的维护。

6.4.5 实验数据记录

① 实验材料测试结果，记录表6-7中。

表6-7 内饰材料燃烧性能测试数据记录表

序号	材料名称	燃烧长度	燃烧时间	燃烧速度	备注

② 内饰材料判断标准。

a. 不燃烧。

b. 可以燃烧，但燃烧速度不大于100mm/min，燃烧速度的要求不适用于切割试样所形成的表面。

c. 如果从实验计时开始，火焰在60s内自行熄灭，且燃烧距离不大于50mm，也被认为满足b. 的燃烧速度要求。

6.4.6 思考题

① 论述并分析不同应用领域（汽车、建筑物）不同功能的材料所需要保证的燃烧性能。

② 查询相关标准、规范（国内、国外），列出不同材料在不同应用场合承担不同功能所需的燃烧性能测试方法（例如防火门窗耐燃测试、服务设施耐燃测试、承重构件耐火测试、非承重构件耐火测试、元部件对构件耐火性测试等）。

6.5 复合材料燃烧行为分析实验

6.5.1 实验目的

① 掌握 TTech-GBT16172-2 型锥形量热仪的正确操作方法。

② 明确锥形量热仪对材料燃烧行为分析的原理和热释放速率等燃烧参数的定义。

③ 根据测定材料的所得热量、烟气释放等参数，分析其燃烧过程，并理解这些燃烧参数的意义。

④ 学会评价材料的燃烧性能。

6.5.2 实验设备

① 实验设备：TTech-GBT16172-2 型锥形量热仪。

② 实验材料：热塑性聚氨酯（TPU）及其复合材料层压板。

6.5.3 实验原理

（1）锥形量热仪（图 6-5）工作原理

锥形量热仪是一种基于燃烧过程中释放的热量与燃烧过程中耗氧量直接相关的火灾测试工具。氧耗原理是指物质完全燃烧时每消耗单位质量的氧会产生基本上相同的热量，即氧耗燃烧热（E）基本相同。这一原理由 Thornton 在 1918 年发现，1980 年 Huggett 应用氧耗原理对常用易燃聚合物及天然材料进行了系统计算，得到了氧耗燃烧热（E）的平均值为 13.1kJ/g，材料间的 E 值偏差为 5%。所以，在实际测试中，测定出燃烧体系中氧气的变化，就可换算出材料的燃烧放热。一个样品被放置在一个“锥”形辐射加热器，通常情况下，样品暴露于外部磁通形成的加热器的 35kW/m^2。然而，对于更多的耐火材料的加热器经常增加到 50kW/m^2。一旦产生足够的热解产物，点火发生。燃烧产物通过锥形加热器和通过一个仪器排出管。测量/计算的值通常是重要的，包括但不限于：点火的时间，在燃烧过程中的质量损失率，某时刻燃烧释放的热量的最大值，在测试过程中释放的总热量，等等。

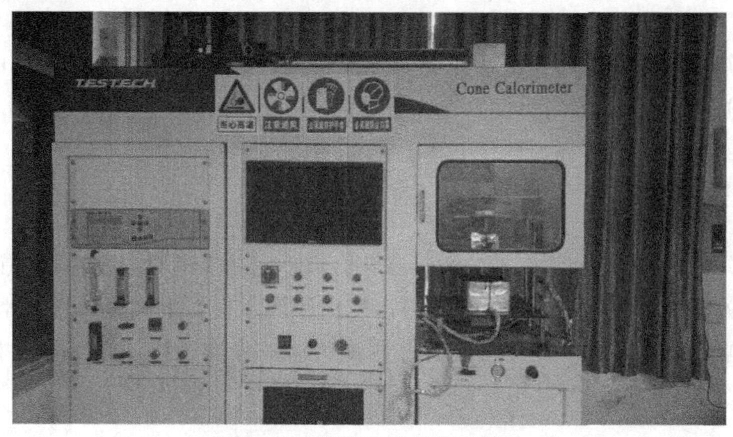

图 6-5 锥形量热仪实物图

（2）主要燃烧行为测试参数

① 热释放速率（heat release rate，HRR）。在规定的实验条件下，在单位时间内材料燃烧所释放的热量，单位 kW/m^2。HRR 越大，燃烧反馈给材料表面的热量就越多，结果造成材料热解速度加快和挥发性可燃物生成量的增多，从而加速了火焰的传播。

② 总热释放量（total heat release，THR）。在预置的入射热流强度下，材料从点燃到火焰熄灭为止所释放热量的总和，单位 MJ/m^2。将 HRR 与 THR 结合起来，可以更好地评价材料的燃烧性和阻燃性，对火灾研究具有更为客观、全面的指导作用。

③ 质量损失速率（mass loss rate，MLR）。样品在燃烧过程中质量随时间的变化率，它反映了材料在一定火强度下的热裂解、挥发及燃烧程度。MLR 值由 5 点数值微分方程算出，单位 g/s。除质量损失速率外，由质量损失曲线可获取不同时刻下的残余物质量，便于直观分析燃烧样品的裂解行为。

④ 烟释放速率（smoke produce rate，SPR）。SPR 被定义为比消光面积与质量损失速率之比，单位 m^2/s。总生烟量（total smoke rate，TSR）表示单位样品面积燃烧时的累积生烟总量，单位 m^2/m^2，可用来评估和比较材料的抑烟性能。

⑤ 有效燃烧热（effective heat combustion，EHC）。在某时刻时，所测得热释放速率与质量损失速率之比，它反映了挥发性气体在气相火焰中的燃烧程度，对分析阻燃机理很有帮助。

⑥ 点燃时间（time to ignition，TTI）。TTI 是评价材料耐火性能的一个重要参数，单位 s。它是指在预置的入射热流强度下，从材料表面受热到表面持续出现燃烧时所用的时间。TTI 可用来评估和比较材料的耐火性能。

⑦ 毒性测定。材料燃烧时放出多种气体，其中含有 CO、CO_2 等毒性气体，毒性气体对人体具有极大的危害作用。具体可以得到 CO 释放速率（CO produce rate，COPR，单位 g/s）、CO_2 释放速率（CO_2 produce rate，CO_2PR，单位 g/s）、CO 产生总量（total CO yield，COTY，单位 kg/kg）、CO_2 产生总量（total CO_2 yield，CO_2TY，单位 kg/kg）等参数，可用来评估和比较材料的减毒性能。

6.5.4　实验步骤

① 制备 TPU 及其复合材料热压板五块，样品尺寸为 100mm×100mm×3mm，每一个样品在测试之前都用铝箔纸包裹。

② 开机。

a. 分析仪预热（大约 10h）。

b. 冷阱预热（正常工作温度 4℃）。

c. 光系统预热（40min）。

d. 流量计调至 2L/min（校准和实验流量要保持一致）。

③ 校准

a. 低点校准

- 三通选择阀一调节至“校准”选项，三通选择阀二调节至“零气”选项。
- 分析仪进入（CO）校准界面，等待数值稳定并点击低点校准。

• 分析仪进入（CO_2）校准界面，等待数值稳定并点击低点校准。

• 分析仪进入（O_2）校准界面，等待数值稳定并点击低点校准。

b. 高点校准

• 三通选择阀一保持“校准”选项不变，三通选择阀二调节至“校准气”选项。

• 通入CO气体，分析仪进入（CO）校准界面，输入CO高点值，等待数值稳定并点击校准。

• 停止通入CO气体，通入CO_2气体，分析仪进入（CO）低点校准界面，输入CO_2高点值，等待数值稳定并点击高点校准。

• 停止通入CO_2气体，三通选择阀一调节至“试验”选项，三通选择阀二保持“校准气”选项不变。

• 打开吸气泵，等待流量稳定后分析仪进入（O_2）校准界面，等待数值稳定并点击高点校准（O_2高点校准无需输入高点值）。

④ C-factor。

a. 接入甲烷。

b. 打开风机。

c. 氧气高点校准。

d. 进入C-factor测试界面点击开始（将点火针移到燃烧器口上方）。

注意：测试完关闭甲烷总阀，烧掉余气，再关闭二级阀。

⑤ 实验。

a. 辐射功率校准：

进入软件加热校准界面，选择校准功率35kW。

打开加热开关，通过温控表调节辐射锥温度。

等待辐射锥温度稳定后用热流计测量辐射功率。

校准完成后点击保存。

b. 光系统校准：

进入软件光系统校准界面。

五点校准完成后点击保存。

c. 质量校准：

进入软件质量校准界面，将铝箔纸挂在架子上。

在低点值输入0，进行低点校准，完成后点击保存。

将铝箔纸所在架子挂上砝码。

将高点值改成50，进行高点校准，完成后点击保存。

d. 氧气校准：

进入氧气系统校准界面进行高点校准，完成后点击保存。

e. 开始实验：

填写基本信息。

f. 进入实验：

基础数据采集（60s）。

点击开始实验。

试样引燃按键盘“I”，记录引燃时间。

试样熄灭按键盘“F”，记录熄灭时间。

等待分析仪氧浓度趋于稳定，按键盘“S”，记录结束时间。

点击停止实验，点击保存。

g. 生成报告。

6.5.5 实验数据记录

（1）数据记录

实验材料测试结果，记录于表 6-8 中。

表 6-8　材料燃烧行为测试数据记录表

样品编号	热释放速率峰值 PHRR/ (kW/m^2)	总热释放量 THR/ (MJ/m^2)	CO 释放速率峰值 PCOPR/ (g/s)	CO 产生总量 COTY/ (kg/kg)	CO_2 释放速率峰值 PCO_2PR/ (g/s)	CO_2 产生总量 CO_2TY/ (kg/kg)	烟释放速率峰值 PSPR/ (m^2/s)	总生烟量 TSR/ (m^2/m^2)	燃时间 TTI (s)点	重量损失 Weight loss/ (wt. %)
1										
2										
3										
4										
5										

（2）数据处理

使用“Origin”软件将上述各燃烧参数绘制成横坐标为时间的点线图，以此来进一步分析样品的燃烧过程。

6.5.6 思考题

① 根据实验所获得参数，讨论各实验样品的阻燃性能差异。

② 为什么要在实验开始前进行质量校准、激光校准和氧气校准，影响燃烧测试结果的外界因素有哪些？

③ 在实验过程中有哪些需要注意的安全事项？

④ 分析实验所得各项参数所反映的燃烧性能与极限氧指数所反映的燃烧性能有何异同。

第7章

消防工程安全技术

7.1 建材烟密度的测定

7.1.1 实验目的

① 本实验的目的是确定在燃烧条件下建筑材料可能释放烟的程度。

② 通过实验操作，熟悉建筑材料燃烧或分解的烟密度测试的实验原理及方法。

③ 掌握建材烟密度测试数据的作用，学会评价常见材料的燃烧性能。

7.1.2 实验设备

① 实验仪器：JCY-1型建材烟密度测试仪。

② 实验样品：标准的样品(25.4±0.3)mm×(25.4±0.3)mm×(6.24±0.30)mm，也可以采用其他厚度，需在实验报告中说明。每组实验样品为3块，试样表面应平整，无飞边、毛刺。

7.1.3 实验原理

① 通过测量材料燃烧产生的烟气中固体尘埃对光的反射而造成光通量的损失，来评价烟密度大小。

② 实验时，将试样直接暴露于火焰中，产生的烟气被完全收集在实验箱里。实验时，调节燃气压力值为276kPa，将25mm×25mm×6mm的试样放置在实验箱中的金属支撑网上，点燃试样进行实验，实验时间为4min，除了烟箱底部25mm处的通风口，烟箱在4min的实验期内是关闭的。

③ 实验过程中得到光吸收数据随时间变化的曲线，根据曲线计算最大烟密度和烟密度等级。

7.1.4　实验步骤

（1）实验装置的安装与调试

① 接通电源、气源及相应的连接线，打开仪器上的电源开关和背灯开关，燃烧箱内有光束通过，预热 15min。

② 打开计算机中的"烟密度"应用程序，点击"实验-初始化-OK"。

③ 点击"实验"→"调试"→"百分百"→"调试"，调试窗口显示 1.0000。

④ 分别将标定的滤光片遮住接收口，然后分别点击调试，这时计算机上应分别显示对应由厂家提供的滤光片金属套上的数值，三次平均值应小于 3%，若有较大偏差，可微调烟箱板上的"满度"电位器，使之符合实验的要求，后点击确定。

（2）操作步骤

① 调试结束后，关闭仪器左上角的排风扇开关。

② 打开燃烧箱门，把筛网和收集盒放入试样框架内。

③ 点击"新建-实验-初始化"输入与本试样有关的参数-OK。

④ 打开气源阀门和仪器上的"燃气开关"，用明火或点火枪点着本生灯，调节"燃气调节"使仪器上压力表指示 210kPa。

⑤ 将试样平放在实验支架的筛网上，转入工作状态时燃烧火焰对准试样下表面中心。

⑥ 点击实验一，第一次进行第一个试样的实验，实验过程中注意观察实验现象，4min 后点击实验现象 1，登录第一次实验观察到的现象。

⑦ 第一次实验结束后，打开箱门或风机开关排出烟气，擦净两侧光源玻璃（每次实验后），放好第二个试样，分别点击"实验-第二次-现象 2"，按步骤⑥进行第二个试样的实验，直至实验结束。

⑧ 一组试样的实验结束后，点击保存，输入合适的文件名，保存该次实验的结果。

⑨ 实验结束后，关闭电源、气源、计算机。

7.1.5　实验数据记录

① 记录试样材料的名称及样品尺寸，对每组三个样品每隔 15s 的光吸收率数据求平均值，并将平均值与时间的关系绘制到网格纸上。

② 求试样的最大烟密度：以曲线的最高点作为最大烟密度。

③ 求试样的烟密度等级：曲线与其下方坐标轴所围的面积为总的产烟量，烟密度等级代表了 0～4min 内的总产烟量。测量曲线与时间轴所围的面积，然后除以曲线图的总面积，即为 0～4min 内，0～100%的光吸收总面积，再乘以 100，定义为试样的烟密度等级。

7.1.6　思考题

① 根据所绘制光吸收率与时间关系的曲线图，求出光吸收率中的最大烟密度，得到烟密度等级。

② 论述材料燃烧的烟密度等级与燃烧性能的关系，并以测试样品为例说明材料烟密度的影响因素。

7.2 材料水平垂直燃烧测试

7.2.1 实验目的

① 熟悉水平垂直燃烧的实验原理。

② 掌握水平垂直燃烧测定仪的使用方法。

③ 了解水平垂直燃烧测试实验材料燃烧性能的意义。

7.2.2 实验设备

CZF-3 型水平垂直燃烧测定仪；条形的试样材料，尺寸为：长（125±5）mm，宽（13.0±0.5）mm，厚度不超过 3mm。

7.2.3 实验原理

将长方形条状试样的一端固定在水平或垂直夹具上，其另一端暴露于规定的实验火焰中。通过测量线性燃烧速率，评价试样的水平燃烧行为；通过测量其余焰时间、燃烧的范围和燃烧颗粒滴落情况，评价试样的垂直燃烧行为。

CZF-3 型水平垂直燃烧测定仪，是根据《塑料 燃烧性能的测定 水平法和垂直法》（GB/T 2408）相关规定进行材料的水平和垂直燃烧行为分析。该仪器可进行塑料水平燃烧和垂直燃烧两种方法的实验，自动记录实验时间并可保存。同时，也可根据国家标准《纺织品燃烧性能垂直方向损毁长度、阴燃和续燃时间的测定》（GB/T 5455—2014）对纺织物进行垂直燃烧行为分析实验。

材料的水平垂直燃烧测试主要是在实验室内对水平和垂直方向放置的试样用小火焰点火源点燃后，测定试样的燃烧速度、有焰燃烧时间和无焰燃烧时间。

7.2.4 实验步骤

（1）水平燃烧实验

① 在试样一端的 25mm 和 100mm 处，垂直于长轴划两条标线，在 25mm 标记的另一终端，使试样与纵轴平行，与横轴倾斜 45°位置夹住试样。

② 在试样下部约 300mm 处放一个滴落盘。顺时针关闭仪器面板上的 燃气调节 ，用明火点着长明灯。可调节火焰大小。

③ 调节 燃气调节 ，点着本生灯，并调节本生灯下端的滚花螺母，使灯管在垂直位置时，产生 20mm 高的蓝色火焰，将本生灯倾斜 45°。

④ 开电源→ 复位 → 返回 → 清零 ，显示初始状态 P。

⑤ 按[选择]显示“—F”(用水平法吗?)。

⑥ 按[运行]显示“A、dH”;水平法的指示灯亮，表示选择水平法，进行第一个试样实验，装上试样。

⑦ 当准备工作完成后，按[运行]本生灯移至试样一端，对试样施加火焰。显示“A、SYXXX、X”表示正在施焰，并以倒计数的方式显示施焰剩余的时间。当施焰时间剩余3s时，蜂鸣器响，提醒操作者做好下一步的准备。这时出现以下两种情况：

a. 情况甲：施焰时间结束，本生灯自动退回显示“A、d-b”（火焰前沿到第一标线了吗?)。

这时可能出现两种选择：

甲-1：火焰未燃到第一标线即熄灭，按[计时控制]，立即再按[计时控制]显示“b、dH”，表明A试样符合最好的标准。

甲-2：火焰前沿燃到第一标线时按[计时控制]，显示“A、XXX、X”，开始计时，下面又可能有两种选择。

甲-2-1：火焰前沿燃到第二标线时按[计时控制]，显示“b、dH”，计时停止。这时操作者应记录实际燃烧长度为75mm，以便于算出燃烧速度。

甲-2-2：火焰在燃烧途中熄灭，按[计时控制]，显示“b、dH”，计时停止，这时操作者应记录实际燃烧长度，按式(7-1) 计算燃烧速度。

$$V=L/t \tag{7-1}$$

式中 V——线性燃烧速度，mm/min；

L——烧损长度，mm；

t——烧损L长度所用的时间，min。

b. 情况乙：施加火焰时间未到30s，火焰前沿已燃到第一标线时，按[退火]，本生灯退回，“<30s”灯亮，时间计数器开始自动计数，显示“A、XXX、X”，对于出现的两种情形，同样分别用甲-2-1或甲-2-2进行分析。

当完成A试样测试后需要继续做B试样时，安装试样并点火，重复上述步骤。当一组实验结束后，仪器显示“End”，这时可用[读出]键连续地读出各试样的参数。

(2) 垂直燃烧实验

① 用垂直夹具夹住试样一端，将本生灯移至试样底边中部，调节试样高度，使试样下端与灯管标尺平齐。

② 点着本生灯并调节，使之产生20mm±2mm高的蓝色火焰。

③ 开电源→[复位]→[返回]→[清零]，显示初始状态“P”。

④ 按[选择]显示“—F”，再按[选择]，显示“11F—10—”（施焰时间为10s)（垂直吗?)。

⑤ 按[运行]，显示AdH垂直法的指示灯亮表示选择了垂直法。

⑥ 按[运行]，将本生灯移至试样下端，对试样施加火焰，显示“ASYXXX、X”，表示正在施加火焰，并以倒计数的方式显示施焰的剩余时间，当施焰时间还剩3s时，蜂鸣器响，提醒操作者准备下一步操作，当施焰时间结束10s后，本生灯自动退回，“有焰燃烧”指示灯亮，显示信息为“AXX、XXXX、X”，中间2、3、4三个数码管表示每次有焰燃烧的时间，右边5、6、7、8四个数码管表示每次有焰燃烧的累积时间。

⑦ 当有焰燃烧结束时，按[计时控制]，显示“A、dH”，按[运行]开始本次试样的第二次施焰，显示“A、SYXXX、X”，同样，当施焰的最后3s蜂鸣器响，施焰时间结束，本生灯自动退回。“有焰燃烧”指示灯亮，显示信息为“A、XX、XXXX、X”，中间2、3、4三个数码管为第二次施焰后的有焰燃烧时间，右边5、6、7、8四个数码管为每次有焰燃烧的累积时间。

⑧ 当有焰燃烧结束按[计时控制]，“有焰燃烧”指示灯灭，“无焰燃烧”指示灯亮，显示信息为“A、XXX、X”，表示无焰燃烧的时间。

⑨ 当无焰燃烧结束没有无焰燃烧时，按[计时控制]，显示“bdH”，表示A试样实验结束。

⑩ 重复第⑥～⑨各步骤，直至一组试样结束。

⑪ 在实验的过程中，若有滴落物引燃脱脂棉的现象，按[退火]，仪器显示“X、dH”，该试样停止实验。

⑫ 在施焰时间内，若出现火焰蔓延至夹具的现象，按[不合格]，此试样实验结束。

⑬ 实验后，需读出试样的实验数据时，按[读出]，先显示的是与第一数码管所对应的实验次数的第一次施焰后的有焰燃烧时间，再按[读出]，则显示第二次施焰的有焰燃烧时间，第三次按[读出]，则显示第二次施焰的无焰燃烧时间，直至显示“dc—End”（表示实验数据全部读完）。若有火焰蔓延到夹具的现象时，读出显示“X、bHg”；若有滴落物引燃脱脂棉现象，读出显示信息为“X94V-2”。

⑭ 如果在自动状态下，可直接读出总的有焰燃烧时间；如果在手动状态下，垂直燃烧的实验结果按式(7-2)计算：

$$t_{\mathrm{f}}=\sum_{i=1}^{5}(t_{1i}+t_{2i}) \tag{7-2}$$

式中 t_{1i}——第i根试样第一次有焰燃烧时间，s；

t_{2i}——第i根试样第二次有焰燃烧时间，s；

i——实验次数，取值为1～5。

7.2.5 实验数据记录

（1）数据记录

材料的水平和垂直燃烧性能测试数据分别记入表7-1、表7-2。

表 7-1　材料水平燃烧性能测试实验数据记录表

序号	材料名称	燃烧长度	燃烧时间	燃烧速度	分级

表 7-2　材料垂直燃烧性能测试实验数据记录表

序号	材料名称	总的有焰燃烧时间	无焰燃烧时间	是否蔓延夹具	是否有滴落物	分级

(2) 材料水平垂直燃烧测试等级分级划分标准

① 水平法分级标准。材料的燃烧性能，按点燃后的燃烧行为，可分为下列四级：

FH-1：移开点火源后，火焰即灭或燃烧前沿未达到 25mm 标线。

FH-2：移开点火源后，燃烧前沿越过 25mm 标线，但未达到 100mm 标线。在 FH-2 级中，烧损长度应写进分级标志，如 FH-2-70mm。

FH-3：移开点火源后，燃烧前沿越过 100mm 标线，对于厚度在 3～13mm 的试样，其燃烧速度不大于 40mm/min；对于厚度小于 3mm 的试样，燃烧速度不大于 75mm/min。在 FH-3 级中，线性燃烧速度应写进分级标志，如 FH-3-30mm/min。

FH-4：除线性燃烧速度大于规定值外，其余与 FH-3 相同，其燃烧速度也应写进分级标志，如 FH-4-60mm/min。

如果被试材料的三根试样分级标志数字不完全一致，则应报告其中数字最高的等级，作为该材料的分级标志。

② 垂直法分级标准。根据实验结果，按照表 7-3，垂直法将材料的燃烧性能分为 FV-0、FV-1、FV-2 三个级别。

表 7-3　材料燃烧性能分级表（垂直法）

条件	级别			
	FV-0	FV-1	FV-2	Δ
每根试样的有焰燃烧时间(t_1+t_2)	≤10	≤30	≤30	>30
对于任何状态调节条件，每组五根试样有焰燃烧时间总和 t_f	≤50	≤250	≤250	>250
每根试样第二次施焰后的有焰加上无焰燃烧时间(t_2+t_3)	≤30	≤60	≤60	>60
每根试样有焰燃烧或无焰燃烧蔓延到夹具的现象	无	无	无	有
滴落物引燃脱脂棉现象	无	无	有	有或无

注：Δ 表示该材料不能用垂直法分级，而应采用水平法对其燃烧性能分级。

7.2.6 思考题

① 通过实验，试阐述材料水平垂直燃烧性能分级的意义。

② 根据实验结果，试分析阻燃材料具备防火性能的判断依据。

7.3 材料耐燃阻燃性测定实验

7.3.1 实验目的

① 明确纤维织物耐燃性能测试和阻燃纸或纸板等阻燃材料的阻燃性能测试的原理。

② 掌握使用 XWY-2 型纤维织物耐燃性试验装置和 ZBY-1 型阻燃纸与纸板燃烧试验仪的正确操作方法。

③ 根据纤维织物耐燃性和阻燃纸或纸板的阻燃性测定结果，理解其意义，并加深材料的耐燃性和阻燃性在日常生活常用材料中的应用。

④ 学会评价常见材料的耐燃、阻燃性能。

7.3.2 实验设备

① 实验仪器：XWY-2 型纤维织物耐燃性试验装置（图 7-1）、ZBY-1 型阻燃纸和纸板燃烧试验仪（图 7-2）。

② 实验材料：服装织物、装饰织物、帐篷织物等耐燃性纤维织物以及阻燃板、阻燃纸板等阻燃材料，液化气体。

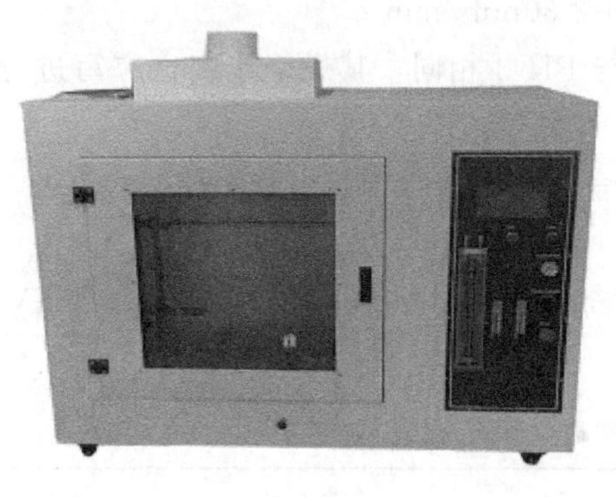

图 7-1 XWY-2 型纤维织物耐燃性试验装置实物图

图 7-2 ZBY-1 型阻燃纸和纸板燃烧试验仪实物图

7.3.3 实验原理

① 根据《防护服装 阻燃服》(GB 8965.1) 和《纺织品 燃烧性能 垂直方向损毁长度、阴燃和续燃时间的测定》(GB/T 5455)，垂直方向纺织品底边点火时燃烧性能使用垂直燃烧实验仪测定。所以本实验采用垂直燃烧仪进行实验。

实验时要求环境温度在－10～35℃之间，相对湿度≤85%，试样支撑圈倾斜 45°。

试样尺寸及制样：取 1g 重的多根纤维束切断长度为 230mm，对一端固定，另一端用手加捻 20 拈，然后将纤维对折自然形成长约 90mm 的拈棒，数量 5 根。

② 根据 GB/T 14656《阻燃纸和纸板燃烧性能试验方法》对 1.6mm 以下，经过阻燃处理的纸和纸板，或者经涂布或印刷加工、厚度 1.6mm 以下的阻燃纸制品在特定条件下进行燃烧性能实验，从而确定材料的阻燃性能。

名词解释：

- 施焰时间：本生灯对试样施加火焰时间，单位为 s。
- 续焰时间：本生灯移去后试样继续有焰燃烧的时间，单位为 s。
- 灼焰时间：试样停止有焰燃烧后，炭化部分继续灼热燃烧的时间，单位为 s。
- 炭化长度：燃烧实验后，试样炭化部分沿试样长边方向的最大长度，单位为 mm。

实验时要求环境温度在 −10～30℃ 之间，相对湿度≤85%，本生灯内径 10.0mm±0.2mm，本生灯对试样施焰时间 12s，并实时数字显示续焰、灼焰时间。实验时，如试样未到 12s 已全部燃烧完毕按急退键。

试样尺寸：210mm×70mm。

7.3.4　实验步骤

（1）纤维织物耐燃性实验

① 接通气源，顺时针关闭仪器上“燃气开关”阀，打开气源总阀门及燃烧箱门，调节本生灯口至试样支撑圈低端中心距离为 23mm±1mm（出厂时已调好），拉动燃烧箱外右侧的手柄使支撑圈离开本生灯。

② 将准备好的试样放入支撑圈内，打开仪器上“燃气开关”阀，用明火点着本生灯，调节“燃气调节”阀，使火焰高度为 45mm±2mm。

③ 关闭燃烧箱门，移动支撑圈使试样低端与本生灯火焰接触 10s 后移开支撑圈，当试样燃烧停止时，重复调节残存的试样，使之最下端与火焰接触，进行第二次点火。反复进行这一操作，直至试样烧至 90mm 处。

④ 注意记录试样烧至 90mm 处所需接触火焰的次数。

⑤ 打开燃烧箱门，取出试样支撑圈，去掉残留物，消除箱内的烟气，以便下一试样的测试。

⑥ 实验结束后，关闭气源及电源。

⑦ 耐燃性评定指标如下，接焰次数≥3 满足要求（见表 7-4）。

表 7-4　接焰次数

测试参数	指标
接焰次数	≥3

（2）阻燃纸和纸板阻燃性实验

① 接通电源、气源，顺时针方向关闭仪器面板上的“压力调节”和“流量调节”阀。

② 打开仪器电源开关，按“复位”使本生灯复位（在左边），显示器为零。检查仪器面板上施焰时间显示器是否为 12s（可调节），“续焰时间”显示器和“灼焰时间”显示器是否

为最大值“999”（可调节）。

③ 将准备好的试样安装在试样夹上，再将试样夹安装在燃烧箱中的吊杆上，按“运行”使本生灯移至试样下方，灯管顶端离试样下部边缘 19mm±1mm（出厂前已调好）。

④ 按“复位”使本生灯停在燃烧箱左边，打开气源阀门，反时针调节仪器面板上的“压力调节”和“流量调节”旋钮使压力表指示 0.017～0.02MPa，流量计指示 56～60mL/min，同时按“点火”按键点着本生灯，调节本生灯灯管下端的滚花螺母，使火焰高为 40mm±2mm。

⑤ 按“运行”使本生灯对试样施加火焰，施焰 12s 后本生灯自动离去，“续焰时间”显示器开始计时，此时注意观察试样有焰燃烧，熄灭按“计时 1”，同时“灼焰时间”显示器开始计时，此时注意观察试样灼热燃烧，熄灭按“计时 2”。

⑥ 实验结束后，记录仪器面板上续焰时间和灼焰时间。

⑦ 取下试样夹，用钢尺测量试样炭化部分沿试样长边方向最大长度即为炭化长度并记录。换上新的试样重复操作完成下一试样的实验，直至试样全部实验完毕。

⑧ 计算出炭化长度、续焰时间、灼焰时间的算术平均值。

⑨ 实验结果样品符合表 7-5 中条件，判定该样品合格。

表 7-5　样品合格标准

平均炭化长度	≤115mm
平均续焰时间	≤5s
平均灼焰时间	≤60s

⑩ 结束实验。实验结束后，切断电源，关闭气源，对燃烧箱及试样夹进行必要的维护。

7.3.5　实验数据记录

记录纤维织物耐燃性和阻燃纸或纸板的阻燃性测定结果，并对其结果进行分析。

7.3.6　思考题

① 为什么要测定材料的耐燃和阻燃性？影响材料耐燃和阻燃性能的因素有哪些？

② 举例说明生活中哪些地方常用到耐燃和阻燃材料，并给出你对其所用耐燃和阻燃材料的理解和建议。

7.4　隧道火灾温度特性分析实验

7.4.1　实验目的

① 掌握隧道火灾缩尺模型中火源质量损失速率的测量方法。

② 学会搭建隧道火灾缩尺模型，设计温度采集系统，实时监测隧道顶棚最高温升以及隧道顶棚温度。

③ 学会隧道顶棚最高温升以及隧道顶棚温度衰减规律的分析。

④ 观察隧道内的烟气流动情况，了解隧道通风风速对隧道火灾排烟效率的影响。

7.4.2　实验设备

隧道模型实验台，风机系统，i-7018温度数据采集器，热电偶，电子天平，油池，甲醇，智能风速测试仪，片光源等。

隧道模型实验台为1∶10的小尺寸矩形半横向通风地铁隧道模型，模型内径尺寸为8.00m×1.00m×0.50m（长×宽×高），实验台分为隧道与排烟道两个部分，排烟道高度0.10m，排烟道底部距离隧道底部0.50m，主要实验段为隧道的纵向长度部分。隧道底部、顶部，排烟道顶部材料为0.01m厚的防火板，防火板的作用是防止隧道结构受到高温破坏，同时能起到一定的隔热作用，减少实验过程中温度的衰减带来的误差。隧道两侧由5mm厚的透明钢化防火玻璃制成，满足耐火完整性、热辐射强度的要求，透过玻璃可以实时安全观察火灾实验中火源及烟气流动的情况。隧道顶部的排烟挡板上共有3个边长为0.15m的正方形排烟口，其中心线间距为2.20m。隧道模型实物图如图7-3所示。

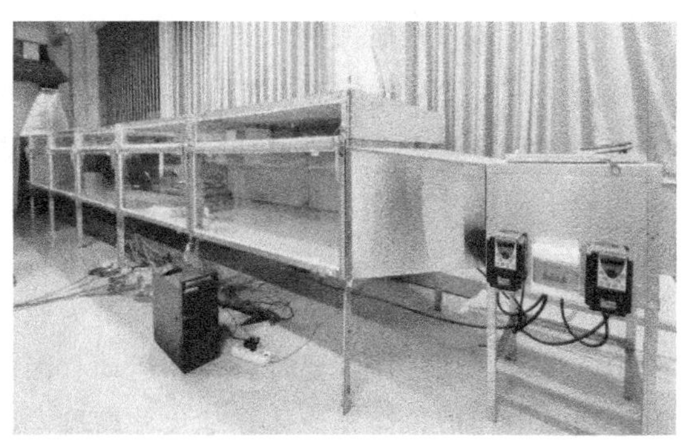

图7-3　隧道模型实物图

隧道模型实验台主要由温度采集模块、电压数据采集模块以及风机设备模块组成。温度采集模块实现对模型实验中的火灾温度进行测量，并采用电脑自动采集；电压数据采集模块和相关设备对模型实验中的烟气流速进行测量，并采用电脑自动采集；风机设备模块包括轴流风机、射流风机、调频器，利用调频器与风机的结合来为模型实验提供合适的风量。具体布置如图7-4所示。

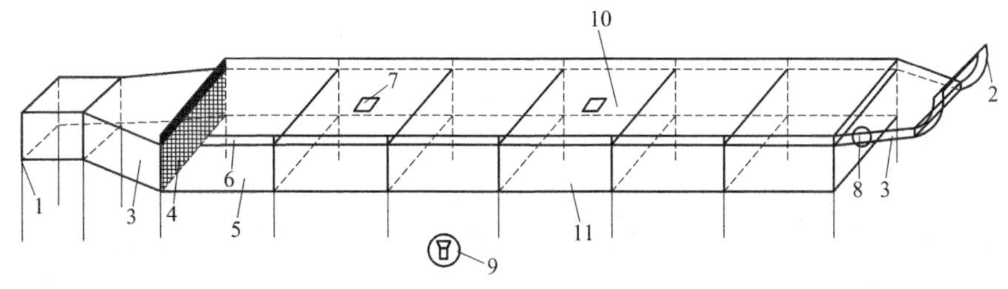

图7-4　隧道模型示意图

1—变频轴流送风风机；2—变频轴流排烟风机；3—扩散器；4—蜂窝式稳流器；5—行车道；6—排烟管道；7—排烟口；8—激光片光源；9—高速摄像机；10—可拆卸顶棚；11—可开关式玻璃门

在实验中需测量隧道顶棚下火灾温度的纵向分布，采用K型热电偶，热电偶的直径为1mm，量程为0～1200℃，精度为0.01℃，满足实验要求。在隧道顶棚纵向中心线正下方0.01m处安装一系列K型热电偶，火源位于距离隧道右端0.60m处，自火源的正上方起，沿纵向每间隔0.1m布置一个热点偶采集实时温度，火源下游布置24根热电偶，火源上游布置23根热电偶，火源的正上方布置5根热电偶，共52根热电偶。热电偶布置示意图，如图7-5所示。

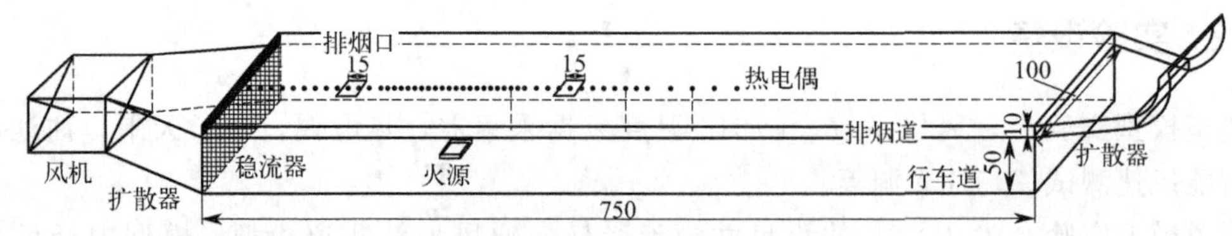

图 7-5　热电偶布置示意图

7.4.3 实验原理

（1）缩尺实验相似理论

隧道火灾实验根据实验装置与实际火灾场景尺寸比例大小可分为缩尺寸、全尺寸。全尺寸隧道火灾实验具有人力物力耗费量大，开展重复性实验验证困难，实验条件难以满足等缺点。相较于全尺寸实验，缩尺寸实验开展方便，可进行重复实验以获得准确数据，减少实验误差。

缩尺寸隧道实验模型是以全尺寸模型为原型，以一定的比例进行缩小而得来。隧道火灾实验中，温度、烟气蔓延要符合流体运动。因此，为保证实验过程中各项流体参数指标与原型隧道实验中相似，需要流体在缩尺寸模型与原型中所受到的动力相似，如：温度、压力、作用力等参数在同一位置上具有一定的比例关系。流体力学相似一般是几何、运动和动力三方面的相似，为了方便表示，将下标为 f 的表示为原型对应参数，下标为 m 的表示为缩尺寸模型参数。

① 几何相似。几何相似指缩尺寸实验台与原型保持几何形状相似，即两者对应边、对应面等几何外形成相同比例，对应角相等。

对应边成比例：

$$\delta_L = \frac{l_{\mathrm{m}}}{l_{\mathrm{f}}} \tag{7-3}$$

对应夹角相等：

$$\alpha_{\mathrm{m}} = \alpha_{\mathrm{f}},\ \beta_{\mathrm{m}} = \beta_{\mathrm{f}},\ \gamma_{\mathrm{m}} = \gamma_{\mathrm{f}} \tag{7-4}$$

② 运动相似。运动相似是缩尺寸实验和原型实验中，其流体在对应位置具有相似的速度场，即速度与加速度大小成比例，方向相同。

③ 速度相似：

$$\delta_u = \frac{u_{\mathrm{m}}}{u_{\mathrm{f}}} \tag{7-5}$$

④ 时间相似：

$$\delta_t = \frac{\delta_{\mathrm{f}}}{\delta_{\mathrm{m}}} \tag{7-6}$$

速度是指物体在单位时间移动的距离，可推出：

$$\delta_u = \frac{u_{\mathrm{f}}}{u_{\mathrm{m}}} = \frac{l_{\mathrm{f}}/t_{\mathrm{f}}}{l_{\mathrm{m}}/t_{\mathrm{m}}} = \frac{\delta_{\mathrm{L}}}{\delta_t} \tag{7-7}$$

推出加速度相似公式为：

$$\delta_\alpha=\frac{\alpha_f}{\alpha_m}=\frac{u_f/t_f}{u_m/t_m}=\frac{\delta_u}{\delta_t} \tag{7-8}$$

⑤ 动力相似。动力相似指缩尺寸实验台和原型在对应位置上受力的大小成比例，方向相同。

$$\frac{F_{m_1}}{F_{f_1}}=\frac{F_{m_2}}{F_{f_2}}=\cdots=\frac{F_{m_n}}{F_{f_n}}=\delta_F \tag{7-9}$$

动力相似和运动相似存在如下比例关系：

$$\delta_F=\frac{F_m}{F_f}=\frac{m_m\alpha_m}{m_f\alpha_f}=\frac{\rho_m V_m\alpha_m}{\rho_f V_f\alpha_f}=\delta_\rho\delta_L^3\ \frac{\delta_u^2}{\delta_L}=\delta_\rho\delta_L^2\delta_u^2 \tag{7-10}$$

式中，δ_ρ 是指密度相似系数。

流体实验中常涉及的相似准则有雷诺准则、弗劳德准则和欧拉准则。其中，弗劳德准则常被用于隧道火灾模型构建中。根据弗劳德相似准则，在换算关系式中，下标 f 为全尺寸，下标 m 为缩尺寸。缩尺寸实验与全尺寸实验中部分参数之间的换算关系如表 7-6 所示。

表 7-6　缩尺寸实验与全尺寸实验中部分参数之间的换算关系

变量及单位	换算关系式	变量及单位	换算关系式
温度，K	$T_f=T_m$	温度，K	$T_F=T_M$
速度，m/s	$\frac{V_m}{V_f}=\left(\frac{L_m}{L_f}\right)^{\frac{1}{2}}$	速度，m/s	$\frac{V_M}{V_F}=\left(\frac{L_M}{L_F}\right)^{\frac{1}{2}}$
火源功率，kW	$\frac{Q_m}{Q_f}=\left(\frac{L_m}{L_f}\right)^{\frac{5}{2}}$	火源功率，kW	$\frac{Q_M}{Q_F}=\left(\frac{L_M}{L_F}\right)^{\frac{5}{2}}$
时间，s	$\frac{t_m}{t_f}=\left(\frac{L_m}{L_f}\right)^{\frac{1}{2}}$	时间，s	$\frac{t_M}{t_F}=\left(\frac{L_M}{L_F}\right)^{\frac{1}{2}}$
压力，Pa	$\frac{P_m}{P_f}=\frac{L_m}{L_f}$	压力，Pa	$\frac{P_M}{P_F}=\frac{L_M}{L_F}$

缩尺寸隧道模型实际上是按照现实隧道以一定的比例进行缩小而得到。在缩尺寸隧道模型中进行的火灾实验在一定程度上可以还原真实隧道内发生的火灾。大量学者在缩尺寸隧道模型中进行了各种火灾实验，得到了较为理想的结果，因此在缩尺寸隧道模型中进行火灾实验是可行的。

(2) 质量损失速率测定

实验采用甲醇油池火作为火源，甲醇油池火通过改变不同油池的面积来改变油池的热释放速率 Q，需要对不同面积的油池的热释放速率进行测量。甲醇油池火的热释放速率可以通过测定甲醇油池的质量损失速率来计算，其计算公式如下所示：

$$Q=\Delta h\alpha m \tag{7-11}$$

式中，Q 为油池热释放速率；α 为甲醇燃烧效率；m 为质量损失速率，Δh 为甲醇完全燃烧放出的热量。甲醇燃烧时几乎没有烟产生，可认为 $\alpha=1$，$\Delta h=19.93$kJ/kg。m 在隧道模型内测量得到。不同面积的油池，甲醇的质量损失速率不同。

在缩尺寸隧道中进行的火灾实验，通常火源热释放速率较小，甲醇质量损失速率较小，因此在测定甲醇油池火的质量损失速率时需要精度较高的电子天平。本实验采用 saitorius BSA3202S 对隧道内的甲醇油池火进行质量损失测定。saitorius BSA3202S 的最大量程为

3.2kg，精度为 0.01g。通过 USB 与计算机相连，使用 O-ComTool 数据采集软件进行数据采集。采集数据时需将采集软件的参数与电子天平的参数进行调整，当数据采集软件和电子天平的参数一致方可进行数据采集。设置波特率为 1200，数据位为 7 位，校验位为 Odd，停止位为 1。电子天平可设置采集频率。图 7-6 所示为 saitorius BSA3202S 电子天平。

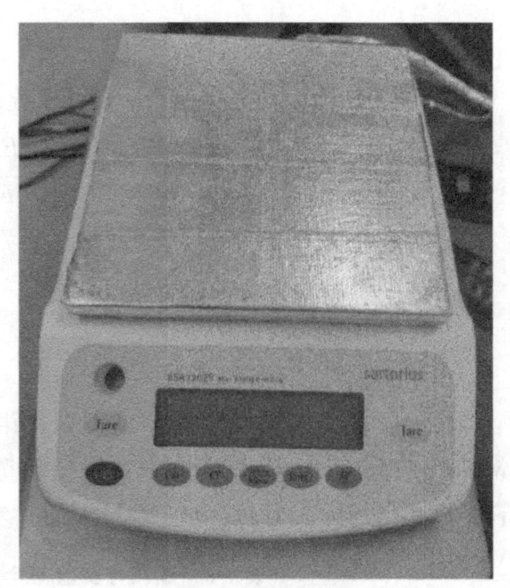

图 7-6　电子天平

（3）隧道纵向顶棚温度采集

实验使用的温度采集模块为 i-7018 数据采集模块，该模块通过 USB 接口与计算机相连。计算机安装 Picolog-Setup-6.2.0 软件，该软件实时显示 i-7018 数据采集模块采集的数据，并自动绘制出温度随时间变化的图像。可在 Picolog-Setup-6.2.0 软件中对采集的频率进行调节，本实验中将频率设置为 1Hz。Picolog-Setup-6.2.0 可同时显示多个模块采集的数据，具有高效性和便利性。在工作界面右端可对每个位置的热电偶进行标记，有助于数据处理，右端会实时显示每个热电偶的温度。在点火前需要通过空调对室温进行调节，并在实验点火前进行录制，开启温度曲线的记录与绘制，用不同颜色标记不同热电偶采集的数据。该软件不仅可以实时生成温度随时间变化的曲线，还可以自动生成区间平均值、区间最大值和区间最小值等。软件所采集的温度数据可以以 CSV 格式导出，以便于进行数据处理分析。图 7-7 为 i-7018 温度数据采集模块与 Picolog-Setup-6.2.0 数据采集工作界面。

7.4.4　实验步骤

① 开启变频轴流送风风机 1，关闭变频轴流排烟风机 2，调节变频式风量控制器来调节风速，使风速在 0.0～4.0m/s 范围内，设计不少于 3 组风速的工况，精度为 0.1m/s。

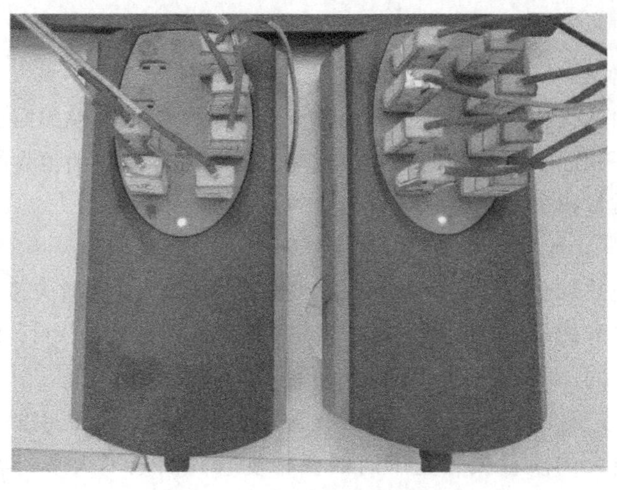
(a) i-7018温度数据采集模块

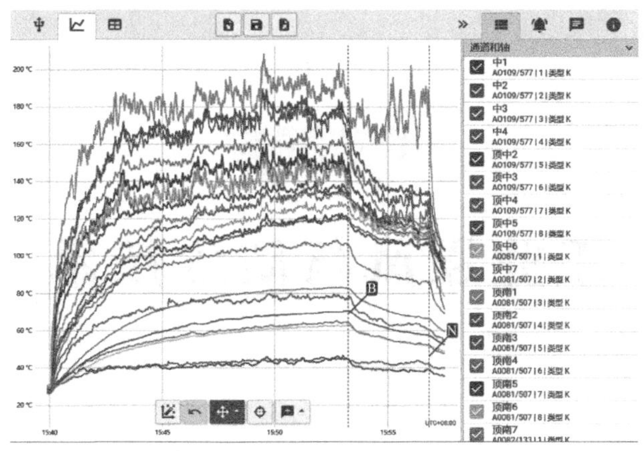

(b) Picolog-Setup-6.2.0数据采集工作界面

图 7-7　温度数据采集器系统

② 改变油池的尺寸，油池有 5 种尺寸可选，分别为 0.1m×0.1m、0.125m×0.125m、0.15m×0.15m、0.175m×0.175m、0.2m×0.2m。

③ 将盛有甲醇和烟饼的油池放入隧道中心位置，打开温度采集系统。

④ 点火。

⑤ 利用片光源观察烟气流动状态。

7.4.5　实验数据记录

根据采集火源油池燃料质量损失数据，绘制出不同尺寸油池的质量损失速率变化图，取中间较长时间的质量损失速率平均值作为该油池质量损失速率，得到不同尺寸油池的质量损失速率，进而求出各油池尺寸的热释放速率，填入表 7-7。

表 7-7　质量损失数据记录表

工况	油池尺寸	质量损失速率 /[g/(s·cm^2)]	火源功率 /kW	全尺寸火源功率 /MW
1	0.1m×0.1m			
2	0.125m×0.125m			
3	0.15m×0.15m			
4	0.175m×0.175m			
5	0.2m×0.2m			

7.4.6　思考题

① 根据求得的不同尺寸油池的质量损失速率，试分析质量损失速率的影响因素。

② 根据采集的顶棚下方最大温升以及纵向温度数据，绘制出不同热释放速率，顶棚最大温升与通风风速的变化关系，以及不同热释放速率、不同风速，隧道顶棚纵向温度分布图。

③ 根据观察到的烟气流动状态，试分析排烟效率与通风口大小、位置以及通风风速之间的影响关系。

第8章

工业通风与防尘技术

8.1 大气参数的测定

8.1.1 实验目的

① 熟悉测量大气压力、温度和相对湿度的各种仪器设备的使用方法。

② 掌握测定大气压力、温度和相对湿度测定的方法和技能。

③ 熟练掌握用所测参数求得大气密度的原理和方法。

8.1.2 实验设备

JFY-1型矿井多参数测试仪，通风温湿度计，水银气压计，纱布。

8.1.3 实验原理

(1) 大气压力

地球表面一层很厚的空气层对地面所形成的压力，称为大气压力或空气压力。在地球引力（重力）场中的大气层由于重力影响，空气的压力随着离地面高度的增加而减小。大气层的存在和大气压力随高度而变化的规律是分子热运动和地球引力作用两者协调的结果。空气的压力是与空气分子数成正比的，其随高度的变化规律可用物理学中的玻尔兹曼公式表示，即

$$p=p_0\exp\left(-\frac{\mu g z}{R_0 T}\right) \tag{8-1}$$

式中 p——标高 z (m) 处，单位体积空气的大气压力，Pa；

p_0——海平面（$z=0$）处，单位体积空气的大气压力，Pa；

μ——空气的摩尔质量，28.97kg/kmol；

T——空气热力学温度，K；

R_0——摩尔气体常数（普适气体常数），8314J/(kmol·K)；

g——重力加速度，取 $9.8m/s^2$；

z——测量位置标高，m。

将各数值代入式(8-1)，则

$$p=p_0\exp\left(-\frac{z}{29.28T}\right) \tag{8-2}$$

（2）湿空气压力

平常所见到的空气都是湿空气，按照道尔顿定律，湿空气压力 p 应为干空气分压力 p_d 与水蒸气分压力 p_v 之和。即

$$p=p_d+p_v \tag{8-3}$$

式中 p——湿空气压力，即大气压力，Pa；

p_d——干空气分压力，Pa；

p_v——水蒸气分压力，Pa。

（3）湿度

① 绝对湿度。单位体积湿空气中，所含水蒸气的质量称为绝对湿度（ρ_v）。

因为湿空气中水蒸气可视为理想气体，故有

$$p_vV=\frac{m_v}{M_v}R_0T \tag{8-4}$$

$$\frac{m_v}{V}=\frac{p_v}{\frac{R_0}{M_v}T} \tag{8-5}$$

$$\rho_v=\frac{p_v}{R_vT} \tag{8-6}$$

式中 p_v——湿空气中的水蒸气分压力，Pa；

V——湿空气中的水蒸气体积，m^3；

m_v——湿空气中的水蒸气质量，kg；

M_v——湿空气中的水蒸气摩尔质量，kg/mol；

R_0——摩尔气体常数（普适气体常数）；

T——湿空气的温度，K；

R_v——水蒸气的气体常数，461J/(kg·K)。

饱和湿空气的绝对湿度称为饱和绝对湿度（ρ_s）。

② 相对湿度（ϑ）。空气中水蒸气的实际含量和同温度下最大可能含水蒸气量的比值即为相对湿度。相对湿度用未饱和湿空气的绝对湿度（ρ_v）与同温度下饱和湿空气的绝对湿度（ρ_s）之比表达。即

$$\vartheta=\frac{\rho_v}{\rho_s}\times100\% \tag{8-7}$$

相对湿度反映了湿空气中水蒸气含量接近饱和的程度，故也称饱和度。ϑ 值越小，湿空气吸收水蒸气的能力越强；ϑ 值越大，湿空气吸收水蒸气的能力越弱。

上面已得出：
$$\rho_v=\frac{p_v}{R_v T}$$

同理：
$$\rho_s=\frac{p_s}{R_v T}$$

故

$$\vartheta=\frac{p_v}{p_s}\times 100\% \tag{8-8}$$

单位体积空气所具有的质量称为空气密度。

$$\rho=m/v \tag{8-9}$$

式中 ρ——空气的密度，kg/m^3；

m——空气的质量，kg；

v——质量为 m 的空气所占的体积，m^3。

由式(8-9) 可见，要测定空气的密度，只需测出一定空气的质量和体积即可。其体积很容易测量，但一定空气的质量是不好测量的，这种看似简单的方法在实际操作时会有一定难度。

空气通常都是含有水蒸气的湿空气，故其密度可用单位体积湿空气中含干空气的质量和水蒸气的质量总和来表示。即

$$\rho=\rho_d+\rho_v \tag{8-10}$$

式中 ρ——湿空气的密度，kg/m^3；

ρ_d——干空气的密度，kg/m^3；

ρ_v——水蒸气的密度，kg/m^3。

由气体状态方程可得：

$$\begin{cases}\rho=\dfrac{1}{v}=\dfrac{p}{RT}\\ \rho_d=\dfrac{p_d}{R_d T}\\ \rho_v=\dfrac{p_v}{R_v T}\end{cases} \tag{8-11}$$

式中 ρ，ρ_d，ρ_v——湿空气、干空气、水蒸气的密度，kg/m^3；

p，p_d，p_v——湿空气、干空气、水蒸气的压力，Pa；

R，R_d，R_v——湿空气、干空气、水蒸气的气体常数，J/(kg·K)；

T——热力学温度，$T=273.15+t$，K。

将式(8-11) 代入式(8-10)，则：

$$\rho=\frac{p_d}{R_d T}+\frac{p_v}{R_v T} \tag{8-12}$$

因干空气的气体常数 $R_d=287.041$J/(kg·K)，水蒸气的气体常数 $R_v=461.393$J/(kg·K)，故得干空气的密度为：

$$\rho_d=\frac{p_d}{287.041T} \tag{8-13}$$

水蒸气的密度为：

$$\rho_v = \frac{p_v}{461.393T} \tag{8-14}$$

根据道尔顿定律可知：

$$p = p_d + p_v \tag{8-15}$$

式中　p——湿空气压力，即大气压力，Pa；

p_d——干空气分压力，Pa；

p_v——水蒸气分压力，Pa。

若已知湿空气的相对湿度 ϑ（%），饱和水蒸气的绝对分压为 p_s（Pa）（可根据干湿度查表得到），则在相对湿度为 ϑ（%）的湿空气中，水蒸气的绝对分压为 $p_v = \vartheta p_s$，代入式(8-3) 得：

$$p_d = p - \vartheta p_s \tag{8-16}$$

将式(8-15)、式(8-16) 分别代入式(8-13) 和式(8-14)，再代入式(8-12)，并化简，得

$$\rho = \frac{3.484 \times (p - 0.3779\vartheta p_s)}{273.15 + t} \times 10^{-3} \tag{8-17}$$

8.1.4　实验步骤

（1）气温测定

用水银气压计或酒精温度计测定。注意应在没有辐射热情况下使用，挂于测量地点，待温度稳定后再读数。

（2）气湿测定

气湿测定采用通风温湿度计（aspiration hygrometer）（图 8-1）进行测定。

通风温湿度计有并列两温度计，一支球部用湿润纱布包裹，由于湿纱布上水分蒸发散热，使湿球上温度比干球的温度低，其相差度数与空气中相对湿度成一定比例。将两并列温度计分别放入镀镍的双层金属风筒中，仪器上端有一带发条的小风扇，开动发条时风扇转动，从温度计球部旁边吸入空气，因此造成温度计球部的固定风速（一般为 4m/s），同时，因金属筒的反射，使辐射热影响被抵消，故可测得较准确的结果。

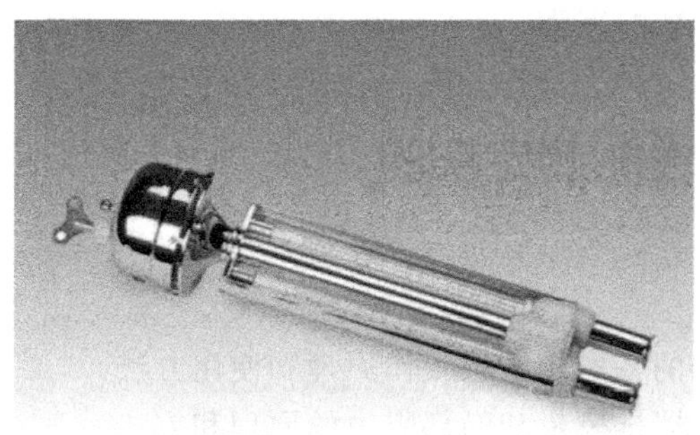

图 8-1　通风温湿度计

使用方法：

① 先将湿球纱布湿润。

② 用钥匙旋转风扇发条，风扇开始转动，将仪器悬挂在测定地点。

③ 经 3～5min，读取湿球及干球温度的读数，查表得到相对湿度。

（3）气压测定

① 水银气压计。水银气压计是一个上端封闭、下端开口的真空玻璃管，其下端浸在盛有水银的杯中（图 8-2），大气压力作用于水银杯中的水银面上，使水银升入真空玻璃管中，水银柱随大气压的高低而上升或下降，其水银柱的高低，可借玻璃管外面的一个金属套管上的标尺及游标尺读出 mmHg 的数值，测量单位为 mmHg，可再换算为 kPa，1mmHg＝0.133kPa。

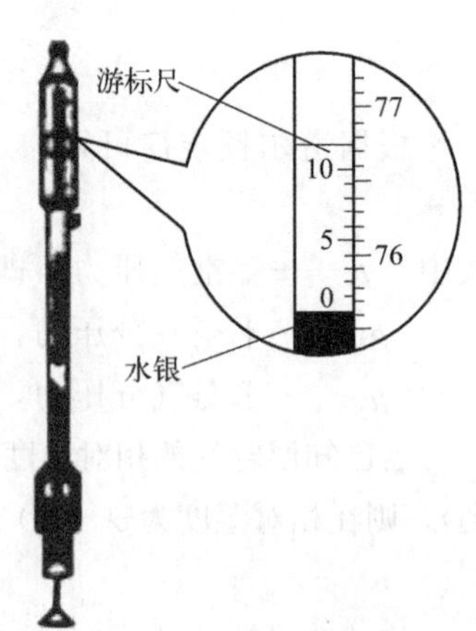

图 8-2　水银气压计

使用方法：

a. 转动水银槽底部的螺旋，使水银面与指未刻度零点的指标尖端刚刚接触，校正零点。

b. 使用游标尺，读出气压读数。

② JFY-1 型矿井多参数测试仪。本实验还可采用 JFY-1 型矿井多参数测试仪测定大气压力。该仪器是一种能同时测定井下绝对压力、相对压力、风速、温度、湿度等参数的精密便携式仪器，具有数显直读功能，使用非常方便。

8.1.5　实验数据记录

大气参数测定结果记录表，见表 8-1。

表 8-1　大气参数测定结果记录表

测定次数	干球温度/℃	湿球温度/℃	大气压力/Pa	气温/℃	饱和水蒸气绝对分压/Pa	空气密度/(kg/m³)
1						
2						
3						

8.1.6　思考题

① 什么是大气五参数？阐述用大气五参数求得大气密度的原理和方法。

② 试论述影响大气参数的因素。

8.2　局部排风罩性能测定实验

8.2.1　实验目的

① 学习风速计等仪器的基本构造、工作原理和使用方法。

② 掌握测定局部排风罩排风量和局部阻力的原理和方法。

③ 学会测定局部排风罩各断面的静压分布。

8.2.2　实验设备

风速计，通风管网系统，皮托管，数字式微压计，橡胶管等。

8.2.3 实验原理

（1）排风罩排风量的测定

排风罩的排风量是通过测定罩口平均风速的方法求得。

① 匀速移动法。

a. 测定仪器。标定有效期内的叶轮式风速计。

b. 测定方法。对于开口面积小于 $0.3m^2$ 的排风罩口，可将风速仪沿整个罩口断面按图 8-3 所示的路线慢慢地匀速移动，移动时风速仪不得离开测定平面，此时测得的结果是罩口平均速度。此法需进行 3 次，取其平均值。

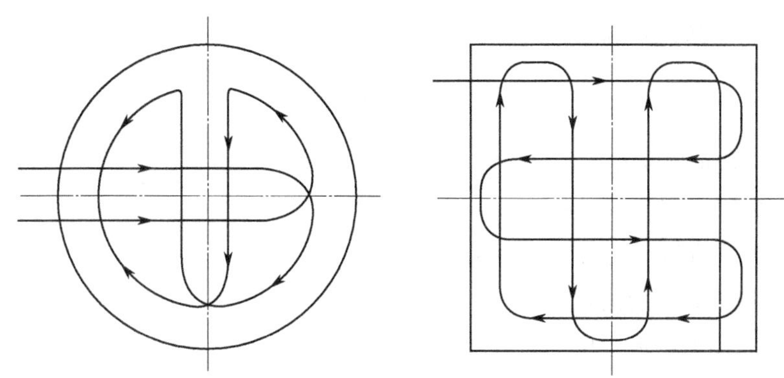

图 8-3　罩口断面平均风速测定路线

② 定点测定法。

a. 测定仪器。标定有效期内的风速计。

b. 测定方法。对于矩形排风罩，按罩口断面的大小，把它分成若干个面积相等的小块，在每个小块的中心处测量其气流速度。断面积大于 $0.3m^2$ 的罩口，可分成 9～12 个小块测量，每个小块的面积 $<0.06m^2$ [见图 8-4(a)]；断面积 $\leqslant 0.3m^2$ 的罩口，可取 6 个测点测量

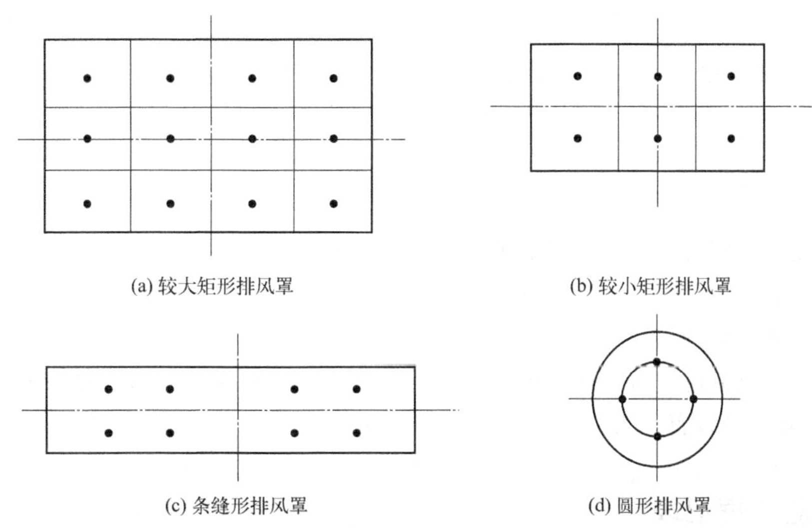

图 8-4　各种形式罩口测点布置

[见图 8-4(b)]；对于条缝形排风罩，在其高度方向至少应有两个测点，沿条缝长度方向根据其长度可以分别取若干个测点，测点间距≤200mm [见图 8-4(c)]；对于圆形排风罩，则至少取 4 个测点，测点间距≤200mm [见图 8-4(d)]。

排风罩罩口平均风速按式(8-18) 计算：

$$\overline{V}=\frac{V_1+V_2+V_3+\cdots+V_n}{n} \tag{8-18}$$

式中 $\overline{V}$——排风罩罩口平均风速，m/s；

V_1，V_2，V_3，…，V_n——各测点的风速，m/s；

n——测点总数。

排风罩的排风量按式(8-19) 计算：

$$Q=3600F\overline{V} \tag{8-19}$$

式中 Q——排风罩的排风量，m^3/h；

F——排风罩罩口面积，m^2；

$\overline{V}$——排风罩罩口平均风速，m/s。

(2) 排风罩局部阻力的测定

局部阻力是气体流经风管中的管件及设备时，由于流速大小和方向的变化，以及产生涡流而造成的比较集中的能量损失。

局部阻力按下式计算：

$$P_z=\xi\frac{\rho v^2}{2} \tag{8-20}$$

式中 P_z——某管件引起的局部阻力，Pa；

ξ——局部阻力系数。

局部阻力系数一般用实验方法确定。实验时先测出管件前后的全压差（即局部阻力 P_z），再除以与速度相应的动压$\frac{\rho v^2}{2}$，求得局部阻力系数 ξ 值。

8.2.4 实验步骤

① 确定测点。实验采用定点测定法进行，测点确定详见图 8-4。

② 安装仪器。在各测点安设好风速计。

③ 开机。开动风机。

④ 测定。待风流稳定后，打开风速计开关，测定风速；用皮托管、橡胶管和数字式微压计测定局部排风罩局部阻力。

8.2.5 实验数据记录

局部排风罩性能测定结果记录表，见表 8-2。

表 8-2　局部排风罩性能测定结果记录表

测定次数	排风罩罩口面积/m^2	排风罩罩口平均风速/(m/s)	排风罩排风量/(m^3/h)	空气密度/(kg/m^3)	局部阻力/Pa	局部阻力系数
1						
2						
3						

8.2.6　思考题

① 试阐述局部排风罩的组成、基本形式以及局部排风罩的作用。

② 试论述影响局部排风罩通风性能的因素。

8.3　旋风除尘器性能测定

8.3.1　实验目的

① 通过实验掌握旋风除尘器性能测定的主要内容和方法，并且对影响旋风除尘器性能的主要因素有较全面的了解，同时掌握旋风除尘器入口风速、风量与阻力。

② 通过本实验，加深学生对通风、除尘的原理及方法的理解，使学生掌握通风除尘系统测试的原理与方法，培养学生结合知识分析问题的能力。

8.3.2　实验设备

实验装置如图 8-5 所示。含尘气体通过旋风除尘器，将粉尘从气体中分离，净化后的气体由风机经过排气管排入大气。所需含尘气体浓度由发尘装置控制。

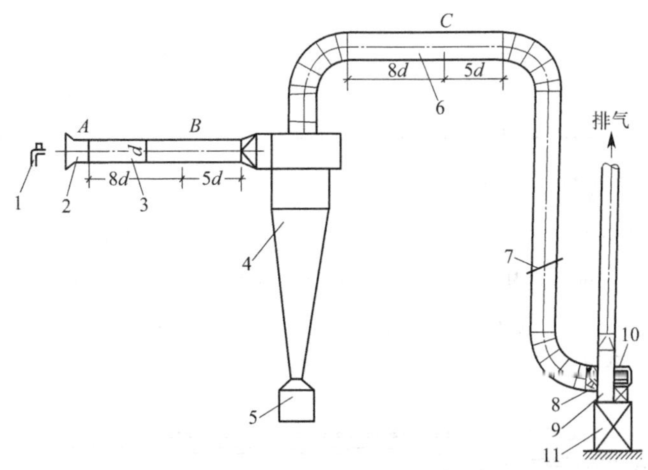

图 8-5　旋风除尘器性能测定实验装置

1—发尘装置；2—进气口；3—进气管；4—旋风除尘器；5—灰斗；6—排气管；7—排气竖管；8—镇流段；9—离心式风机；10—电动机；11—固定底座

8.3.3 实验原理

(1) 采样位置的选择

正确地选择采样位置和确定采样点的数目，对采集有代表性的并符合测定要求的样品是非常重要的。采样位置应取气流平稳的管段，原则上避免弯头部分和断面形状急剧变化的部分，与其距离至少是烟道直径的1.5倍，同时要求烟道中气流速度在5m/s以上。而采样孔和采样点的位置主要根据烟道的大小及断面的形状而定。下面说明不同形状烟道采样点的布置。

① 圆形烟道。采样点分布如图8-6(a)所示。将烟道的断面划分为适当数目的等面积同心圆环，各采样点均在等面积的中心线上，所分的等面积圆环数由烟道的直径大小而定。

② 矩形烟道。将烟道断面分为等面积的矩形小块，各块中心即采样点，见图8-6(b)。不同面积矩形烟道等面积小块数见表8-3。

③ 拱形烟道。分别按圆形烟道和矩形烟道采样点布置原则，见图8-6(c)。

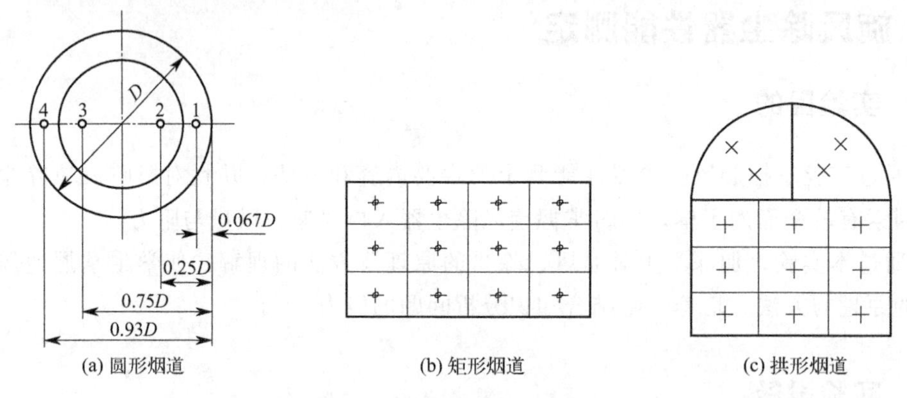

(a) 圆形烟道　(b) 矩形烟道　(c) 拱形烟道

图8-6 烟道采样点分布图

表8-3 矩形烟道的分块和测点数

烟道断面面积/m^2	等面积分块数	测点数
<1	2×2	4
1～4	3×3	9
4～9	4×3	12

(2) 除尘器处理风量的测定和计算

① 烟气进口流速的计算。测量烟气流量的仪器为S型皮托管和倾斜压力计。S型皮托管适用于含尘浓度较大的烟道中。皮托管由两根不锈钢管组成，测量端做成方向相反的两个相互平行的开口（图8-7），测定时，一个开口面向气流，测得全压，另一个背向气流，测得静压；两者之间便是动压。

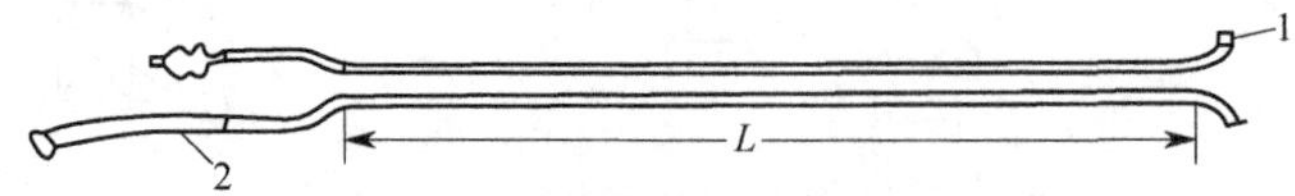

图8-7 皮托管的构造示意图

1—开口；2—接橡胶管

当干烟气组分同空气近似、露点温度在35～55℃之间，烟气绝对压力在（0.99～1.03）×10^5Pa时，可用下列经验公式计算烟气入口流速 v_1（m/s）：

$$v_1=2.77K_p\sqrt{T}\sqrt{P} \tag{8-21}$$

式中　K_p——皮托管的校正系数，$K_p=0.84$；

T——烟气底部温度，K；

$\sqrt{P}$——各动压方根平均值，$Pa^{\frac{1}{2}}$。

$$\sqrt{P}=\frac{\sqrt{P_1}+\sqrt{P_2}+\cdots+\sqrt{P_n}}{n} \tag{8-22}$$

式中　P_n——任一点的动压值，Pa；

n——动压的测点数。

测压时将皮托管与倾斜压力计用橡胶管连好，动压测值由水平放置的倾斜压力计读出。

② 除尘器处理风量计算。处理风量：

$$Q=F_1v_1 \tag{8-23}$$

式中　v_1——烟气进口流速，m/s；

F_1——烟气管道截面积，m^2。

③ 除尘器入口流速计算。入口流速：

$$v_2=Q/F_2 \tag{8-24}$$

式中　Q——处理风量，m^3/s；

F_2——除尘器入口面积，m^2。

（3）除尘器阻力的测定和计算

由于实验装置中除尘器进、出口管径相同，故除尘器阻力可用 B、C 两点（见实验装置图8-5）静压差（扣除管道沿程阻力与局部阻力）求得。

$$\Delta P=\Delta H-\sum\Delta h=\Delta H-(R_LL+\Delta P_m) \tag{8-25}$$

式中　ΔP——除尘器阻力，Pa；

ΔH——前后测量断面上的静压差，Pa；

$\sum\Delta h$——测点断面之间系统阻力，Pa；

R_L——比摩阻（每米沿程阻力），通过查表得到沿程阻力损失系数，求出比摩阻，Pa/m；

L——管道长度，m；

ΔP_m——异形接头的局部阻力，通过查表得到异形接头的局部阻力系数，求得局部阻力，Pa。

将 ΔP 换算成标准状态下的阻力 ΔP_N：

$$\Delta P_N=\Delta P\times\frac{T}{T_N}\times\frac{P_N}{P} \tag{8-26}$$

式中　T_N，T——标准和实验状态下的空气温度，K；

P_N，P——标准和实验状态下的空气压力，Pa。

除尘器阻力系数按下式计算：

$$\xi=\frac{\Delta P_N}{P_{dl}} \tag{8-27}$$

式中　ξ——除尘器阻力系数，无量纲；

ΔP_N——除尘器阻力，Pa；

P_{dl}——除尘器内入口截面处动压，Pa。

8.3.4　实验步骤

（1）除尘器处理风量的测定

启动风机，在管道断面 A 处（图 8-5），利用皮托管和 YYT-2000 倾斜微压计测定该断面的静压，并从倾斜微压计中读出静压值（P_s），按式(8-23）计算管内的气体流量（即除尘器的处理风量），并计算断面的平均动压值（P_d）。

（2）除尘器阻力的测定

① 用 U 形压差计测量 B、C 断面间的静压差（ΔH，图 8-5）。

② 量出 B、C 断面间的直管长度（l）和异形接头的尺寸，求出 B、C 断面间的沿程阻力和局部阻力。

③ 按式(8-27）计算除尘器的阻力系数。

8.3.5　实验数据记录

① 除尘器处理风量的测定，见表 8-4。

表 8-4　除尘器处理风量测定结果记录表

序号	静压 /Pa	流量系数	管内流速 /(m/s)	风管横截面积 /m^2	风量 /(m^3/h)	除尘器进口面积 /m^2
第 1 次						
第 2 次						
第 3 次						

实验时间：　　年　　月　　日

② 除尘器阻力的测定，见表 8-5。

表 8-5　除尘器阻力测定结果记录表

序号	B、C 断面间的静压差 /Pa	比摩阻 /(Pa/m)	直管长度 /m	管内平均动压 /Pa	管间的总阻力系数	管间的局部阻力 /Pa	除尘器阻力 /Pa	除尘器在标准状态下的阻力 /Pa	除尘器进口界面处动压 /Pa
第 1 次									
第 2 次									
第 3 次									

实验时间：　　年　　月　　日

8.3.6　思考题

① 通过实验，试论述旋风除尘器全效率 η 和阻力 ΔP 与入口气体速度的变化规律，并分析对除尘器的选择与运行有何意义。

② 论述降低除尘器阻力和提高除尘器效率的途径。

③ 试阐述旋风除尘器的组成、分类及其工作原理。

8.4 管道通风气流状态参数测定

8.4.1 实验目的

① 学习皮托管、数字式微压计等仪器的基本构造、工作原理和使用方法。

② 掌握直管道静压、通风阻力、比摩阻、粗糙度的测定技术。

③ 掌握弯管、三通等管道静压、局部通风阻力、局部阻力系数的测定技术。

④ 掌握直圆管道平均风速、风量的测定技术。

8.4.2 实验设备

通风管网系统，皮托管，数字式微压计，橡胶管等。

8.4.3 实验原理

（1）摩擦阻力

摩擦阻力是由气体本身的黏滞性及其与管壁间的摩擦而产生的沿程能量损失。根据流体力学原理，气体在横断面形状不变的管道内流动时的摩擦阻力按下式计算：

$$P_m = R_m l \tag{8-28}$$

式中，R_m 为比摩阻，指的是单位长度圆形风管的摩擦阻力，其计算式为：

$$R_m = \frac{\lambda}{d} \times \frac{\rho v^2}{2} \tag{8-29}$$

摩擦阻力系数 λ 值，与空气在风管中的流动状态及风管的特性（管径和管内壁粗糙度）有关。其函数表达式为

$$\lambda = f\left(Re, \frac{K}{d}\right) \tag{8-30}$$

式中　Re——雷诺数；

K——风管内壁的粗糙度，各种材料风管的粗糙度可查表 8-6 取得，mm。

表 8-6　各种材料风管的粗糙度查询表

风管材料	粗糙度/mm	风管材料	粗糙度/mm
薄钢板或镀锌薄钢板	0.15～0.18	胶合板	1.0
塑料板	0.01～0.05	砖砌体	3～6
矿渣石膏板	1.0	混凝土	1～3
矿渣混凝土板	1.5	木板	0.2～1.0

在通风除尘管道中，经常遇到的气体流动状态是紊流流动。根据气体在风管中流动的阻力特性，紊流流动有三种状态：紊流光滑区、过渡区和粗糙区。

在通风除尘管道中，气体的流动状态绝大多数处于过渡区。

计算过渡区摩擦阻力系数 λ 的公式很多，式(8-31)适用范围大，在目前已得到较广泛的应用。

$$\frac{1}{\sqrt{\lambda}}=-2\times\lg\left(\frac{K}{3.71d}+\frac{2.51}{Re\sqrt{\lambda}}\right) \tag{8-31}$$

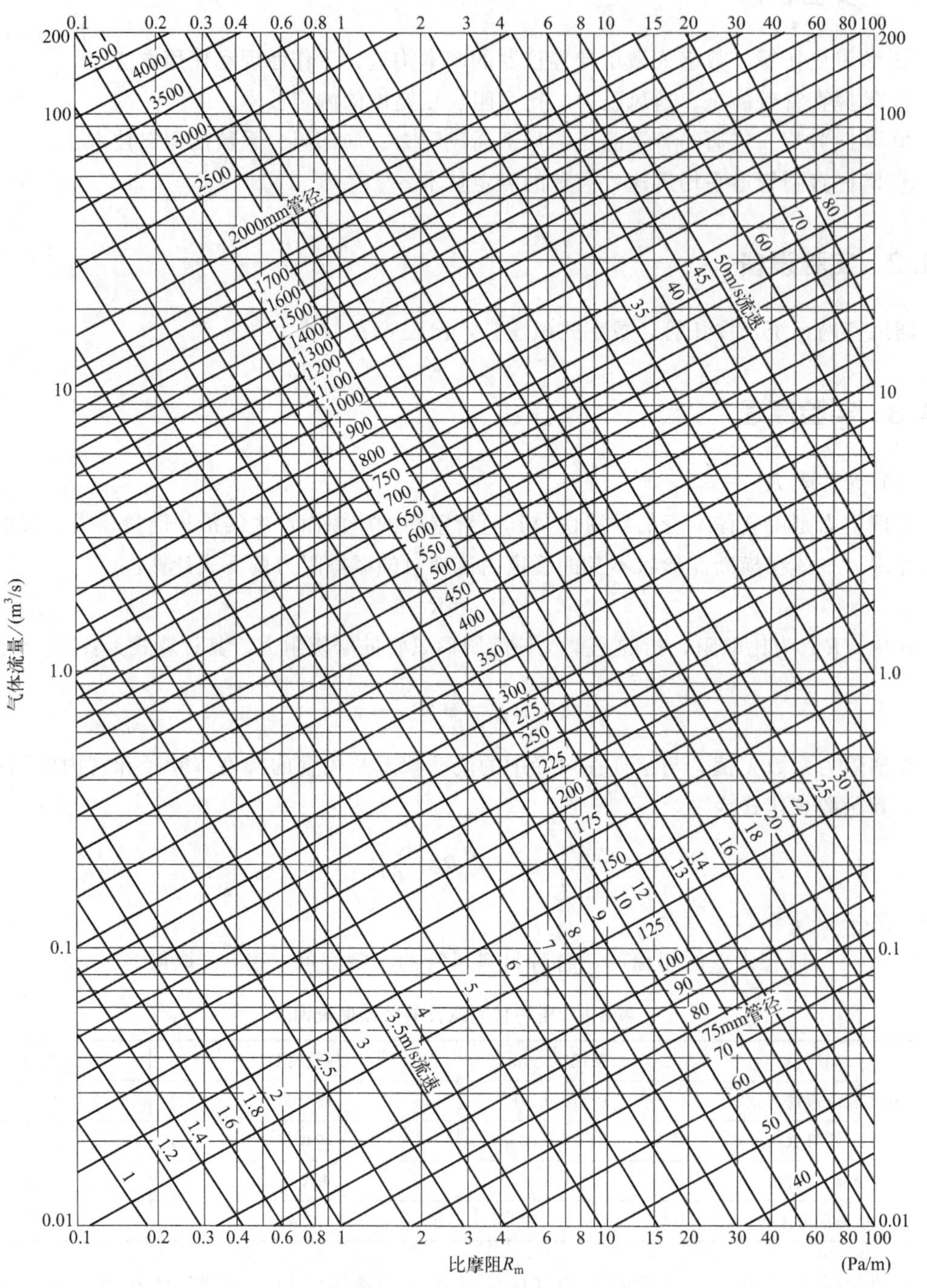

图 8-8　通风管道单位长度摩擦阻力线算图

式(8-31) 是 λ 的隐函数，在进行通风管道的设计计算时，为了避免烦琐的计算，根据式(8-29) 和式(8-31) 制成各种形式的线解图和计算表。图 8-8 是一种线解图，可供计算管道阻力时使用。

在图 8-8 中，已知气体流量 L、管径 d、管内气流速度（流速）v、比摩阻 R_m 中任意两个，即可利用该图求得另外的三个参数。

(2) 局部阻力

局部阻力是气体流经风管中的管件及设备时，由于流速的大小和方向变化以及产生涡流造成比较集中的能量损失。

局部阻力按式(8-32) 计算：

$$P_z=\xi\frac{\rho v^2}{2} \tag{8-32}$$

式中　P_z——某管件引起的局部阻力，Pa；

ξ——局部阻力系数。

局部阻力系数一般用实验方法确定。实验时先测出管件前后的全压差（即局部阻力 P_z)，再除以与速度相应的动压$\frac{\rho v^2}{2}$，求得局部阻力系数 ξ 值。

8.4.4　实验数据记录

① 直管道通风气流状态参数测定，包括静压、通风阻力、比摩阻、粗糙度的测定，如表 8-7 所示。

表 8-7　直管道通风气流状态参数测定记录表

测定次数	管径 /m	管长 /m	流量 /(m^3/s)	流速 /(m/s)	静压 /Pa	动压 /Pa	比摩阻 /(Pa/m)	通风阻力 /Pa	粗糙度 /mm
1									
2									
3									

② 弯管、三通等管道通风气流状态参数测定，包括动压、局部阻力、局部阻力系数的测定，如表 8-8 所示。

表 8-8　弯管、三通等管道通风气流状态参数测定结果记录表

测定次数	管道类型(弯管/三通)	管径 /m	流量 /(m^3/s)	流速 /(m/s)	全压 /Pa	动压 /Pa	局部阻力 /Pa	局部阻力系数
1								
2								
3								

8.4.5　思考题

① 直管的沿程阻力、比摩阻和弯管或三通管道的局部阻力系数大小受哪些参数的影响？

② 在通风、空调等工程系统中，局部阻力占有较大比例，在设计时应采取哪些技术措

施来减少局部阻力？

8.5 通风机装置性能测定

8.5.1 实验目的

① 掌握通风机装置性能测定的原理和方法。

② 掌握皮托管、数字式微压计、转速表等仪器的基本构造、工作原理和使用方法。

③ 学习电能综合分析测试仪的使用方法。

④ 掌握通风机装置性能的测定技术。

8.5.2 实验设备

数显微压计，非接触手持式数字转速表，通风管网系统，皮托管，电能综合分析测试仪等。

8.5.3 实验原理

在通风机性能测试中，测定通风机各工况点的风量是最为关键的。因而，测定时，对测定地点的合理选择至关重要，一般要求测风点应布置在测风断面规整、风流较稳定的地点。为准确地测得风量，测风仪表的精度应较高。本实验中，工况调节点、测压点和测风点的位置都已设置好。

① 主通风机性能测定的基本情况：

a. 测定时间；

b. 测定地点；

c. 主通风机参数，包括：型号、主轴转速、电机容量、排风量、全风压、生产厂家、出厂日期；

d. 电机参数，包括：电机型号、额定功率、额定转速、接法（星形/三角形）、生产厂家、出厂日期；

e. 现有的工作方式、连接方式（抽出式/压入式）、传动方式（直连/联轴器/皮带）。

② 在测定中实测的参数，如表 8-9 所示。

表 8-9 通风机装置性能测定有关数据记录表

工况点号	温度 /℃	干球温度 /℃	湿球温度 /℃	大气压力 /Pa	全压 /Pa	静压 /Pa	转速 /(r/min)	轴功率 /kW
1								
2								
3								
4								
5								
6								

在测定中应记取下列参数：

a. 通风机进风侧测压（测风）断面的静压 h_{s1}（Pa）和全压 h_1（Pa）。

b. 通风机进风侧测压（测风）断面的平均动压 h_{d1} 或扩散器进口处断面的平均动压 h_{d3}（Pa）。

c. 测压（测风）断面、风机出口及扩散器出口的面积 A_1、A_3 及 A_2（m^2）。

d. 电动机的实测转速 n（r/min）。

e. 电动机的输出功率或通风机的轴功率 N（kW）。

f. 大气压力 p（Pa）。

g. 通风机进风侧测压（测风）断面处空气的绝对温度 t、干球温度 t_g 和湿球温度 t_s（℃）。

8.5.4　实验数据记录

（1）通过通风机的空气密度

$$\rho=\frac{3.484(p-0.3779\vartheta p_s)}{273.15+t} \tag{8-33}$$

式中　p——测定时的大气压力，kPa；

p_s——饱和水蒸气的绝对分压，kPa；

ϑ——湿空气的相对湿度，%；

t——通风机进风侧测压（测风）断面处空气的热力学温度，℃。

（2）通风机的风量

$$Q=Av_p \tag{8-34}$$

式中　v_p——平均风速，m/s；

A——与 v_p 垂直的断面面积，m^2。

测风速应注意选择风流比较稳定的测点，用风速表、单孔测压管或多孔测压管等进行。

（3）通风机的压力

① 通风机的全压：

$$H=h_1+\frac{\rho v_2^2}{2} \tag{8-35}$$

式中　h_1——通风机进风侧测压（测风）断面处的全压，Pa；

v_2——通风机扩散器出口断面的平均风速，m/s；

ρ——空气的密度，kg/m^3。

② 通风机的静压 H_s：

$$H_s=h_1=h_{s1}-h_{d1}=h_{s1}-\frac{\rho v_1^2}{2} \tag{8-36}$$

式中　h_{s1}——通风机进风侧测压（测风）断面处的静压，Pa；

h_{d1}——通风机进风侧测压（测风）断面处的动压，Pa；

v_1——通风机进风侧测压（测风）断面处的平均风速，m/s。

由于测压（测风）和风机出口断面的风速，往往因条件限制而不易测准，可用实测风量

Q 去求出各个断面的平均风速，即

$$v_1=\frac{Q}{A_1},v_2=\frac{Q}{A_2} \tag{8-37}$$

（4）性能参数的相似换算

对实测各性能参数，将其通过相似换算公式换算到标准状态下，这样才具有可比性。换算时可参照表 8-10 进行。

表 8-10　通风机装置性能测定数据汇总表

工况点号	风速/(m/s)	风量/(m^3/s)	风压/Pa	密度系数 K_ρ	转数系数 K_n	有效功率/kW	输入功率/kW	密度/(kg/m^3)	校正后				效率/%
									风量/(m^3/s)	风压/Pa	有效功率/kW	输入功率/kW	
1													
2													
3													
4													
5													

（5）按表 8-10 记录的数据，在坐标纸上分别绘出实测的 $H=f(Q)$、$p=f(Q)$、$\eta=f(Q)$ 的通风机特性曲线和 $h=RQ^2$（式中，R 为通风网路的阻力系数；h 为通风系统的总负压；Q 为通过通风管道的总风量）的通风网路特性曲线。

8.5.5 思考题

① 将实测特性曲线与产品样本介绍的该型号通风机模拟实验曲线对照，分析其性能不同或降低的原因，制订改进和提高效率的措施。

② 分析实测通风机特性曲线和通风网路特性曲线的交点（工况点）的稳定性和经济性是否符合规程规定，风量是否满足通风系统需要，从而提出进一步调整的方案。

第9章

应急救援技术虚拟仿真实验

9.1 危化品泄漏应急处置虚拟仿真实验

9.1.1 实验目的

① 掌握危险化学品泄漏事故应急响应基本程序。

② 学会针对不同危险化学品做好个体防护和选用应急装备。

③ 独立确定不同危险化学品泄漏情景下的影响范围和泄漏量。

④ 熟悉应急处置过程中各应急处置小组的角色及相应职责。

9.1.2 实验设备

计算机，ilab-x虚拟仿真实验平台。

9.1.3 实验原理

本实验通过3D建模、虚拟仿真、人机交互以及网络通信技术，模拟仿真临海化工企业厂区发生危险化学品泄漏的事故现场，让学生身临其境地在某起化工企业生产安全事故中，通过图像、文字、音频、视频和虚拟交互等手段，结合应急处置小组的不同角色进行应急决策和实践操作，学会常见危险化学品（简称危化品）的理化性质、个体防护用品的适用场景、常见液相/气相泄漏模型及其应用、应急处置组织机构及职责、应急响应基本程序和主要措施等。涉及以下相关理论知识：

（1）事故信息接报和应急响应分级

根据《生产安全事故报告和调查处理条例》按照接报程序和上报信息标准进行事故的报告，同时要对事故信息进行分析确定应急响应级别。

（2）应急响应程序及常见危化品应急处置措施

应急响应程序按事故应急救援的过程可分为信息报告、判断响应级别、应急启动、应急处置、应急恢复和应急结束等步骤。其中应急处置是整个过程的重点，决定着是否能够有效控制事态还是要扩大应急响应，应急响应基本程序如图 9-1 所示。

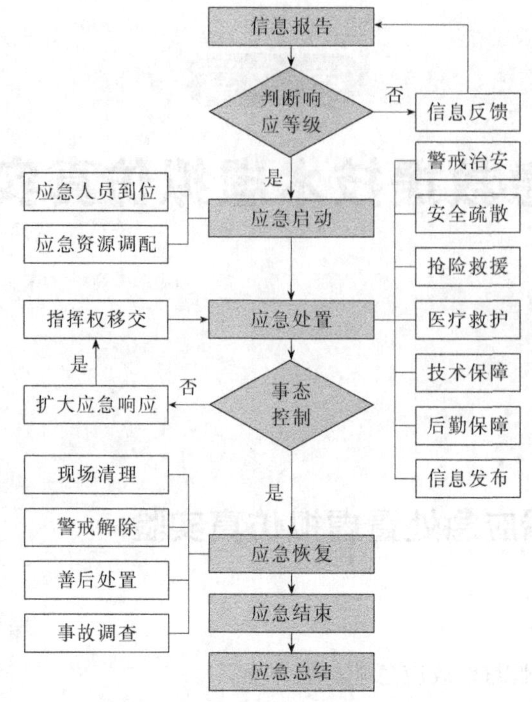

图 9-1 危险化学品生产安全事故应急响应基本程序

（3）应急处置组织机构和职责划分

掌握生产安全事故应急救援组织机构与职责，即事故发生后应成立现场指挥部，现场指挥部由一名总指挥和各应急处置小组组成，设置在事故现场实施警戒范围外的上风侧。应急处置小组是根据事故现场需要，经由现场指挥部总指挥下令成立的现场救援小组的总称，可以包括：警戒治安组、安全疏散组、抢险救援组、医疗救护组、技术保障组、后勤保障组、信息公开组、善后处置组等，并结合应急预案、现场处置方案对各应急处置小组分派相应职责。

（4）个体防护用品和救援装备物资选取

个体防护用品是在应急处置过程中确保人员安全的最后一道防线，必须掌握其特点、技术参数、适用场合正确选择；结合应急处置小组的职责分工，选取相适应的救援装备物资。

（5）危险化学品泄漏速度、泄漏量、影响范围量化计算模型

要学会危险化学品泄漏常见的几种泄漏扩散模型，从而评估泄漏事故影响范围、严重程度。

（6）危险化学品泄漏应急处置结果分析、应急措施评估和优化

《生产经营单位生产安全事故应急预案编制导则》（GB/T 29639—2020）指出了事故应急响应后必须进行信息公开和后期处置环节，即要完成应急处置工作总结报告。事故应急处置工作总结报告的主要内容包括：事故基本情况、事故信息接收与报送情况、应急处置组织与领导、应急预案执行情况、应急救援队伍工作情况、主要技术措施及实施情况、救援成效、经验教训、相关建议等。

9.1.4 实验步骤

① 打开浏览器，登录相关页面进入 ilab-x 实验平台。

② 进入界面，点击实验中心，搜索危化品泄漏应急处置虚拟仿真实验项目，点击进入实验。

③ 开始实验。

a. 监测警报，事故信息报告。严格按照《生产经营单位生产安全事故报告和调查处理条例》报告：事故概况、时间、地点、经过、伤亡损失、初步判断原因和已采取的措施（图 9-2）。

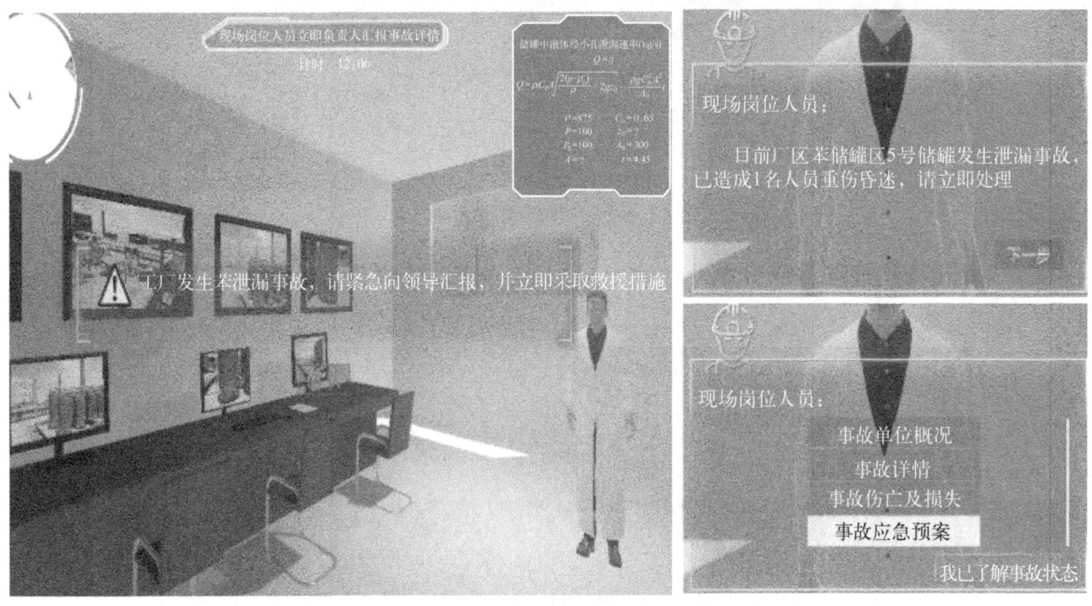

图 9-2　事故信息报告

b. 事故接报，启动应急响应。根据事故报告的信息，结合应急响应划分标准，判断响应级别，启动应急预案和应急响应（图 9-3）。

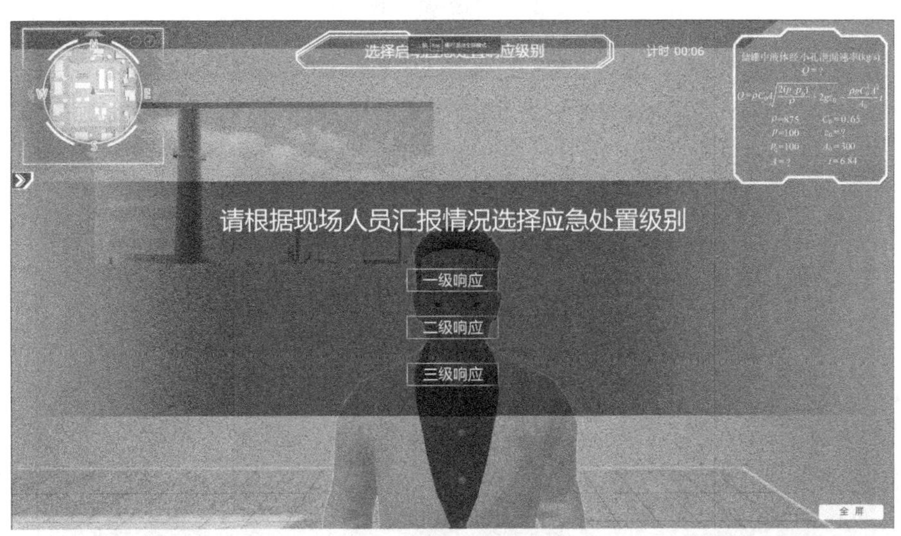

图 9-3

图 9-3 接报及启动应急响应

c. 成立现场指挥部，职责划分。确定应急救援组织机构各应急小组类别，并分派相应任务（图 9-4）。

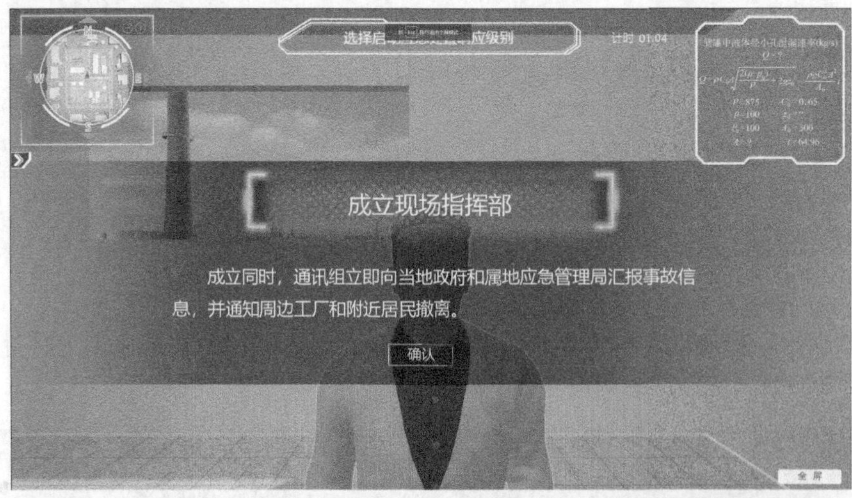

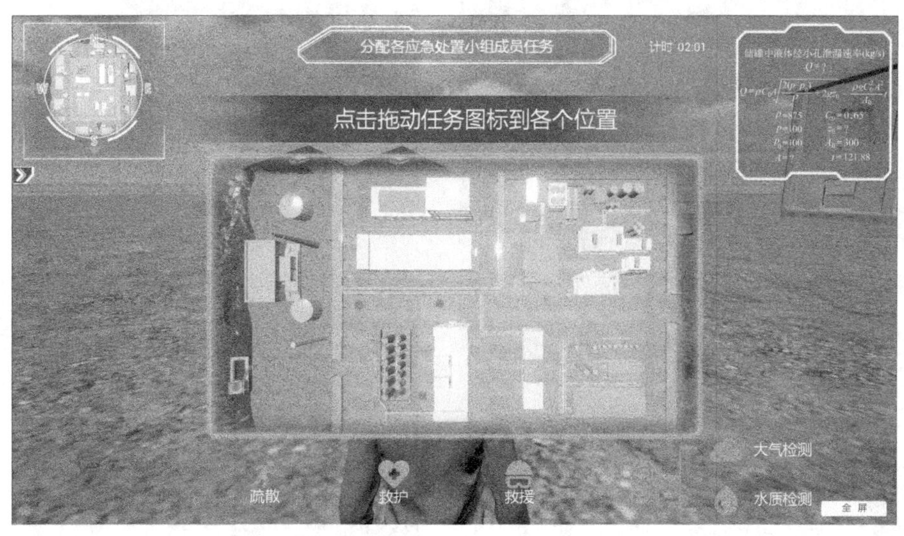

图 9-4　成立现场指挥部及职责划分

d. 根据任务分工，选取装备物资。结合任务需要前往事故现场的具体危险类别、危险程度、所处环境特点，正确穿戴个体防护用品，并根据任务选取应急装备（图 9-5）。

图 9-5　选取应急装备

e. 疏散周边人员，设立警戒区。根据泄漏影响范围、气象情况设计合理疏散路线，并拉起警戒线，设立安全区（图 9-6）。

f. 伤员紧急救护，拨打 120 转院。应急救援人员将伤员从事故区转移至安全区，由医

图 9-6 疏散人员及设立警戒区

疗救护组抬至医疗救护点按照急救程序及时救治，并拨打 120（图 9-7）。

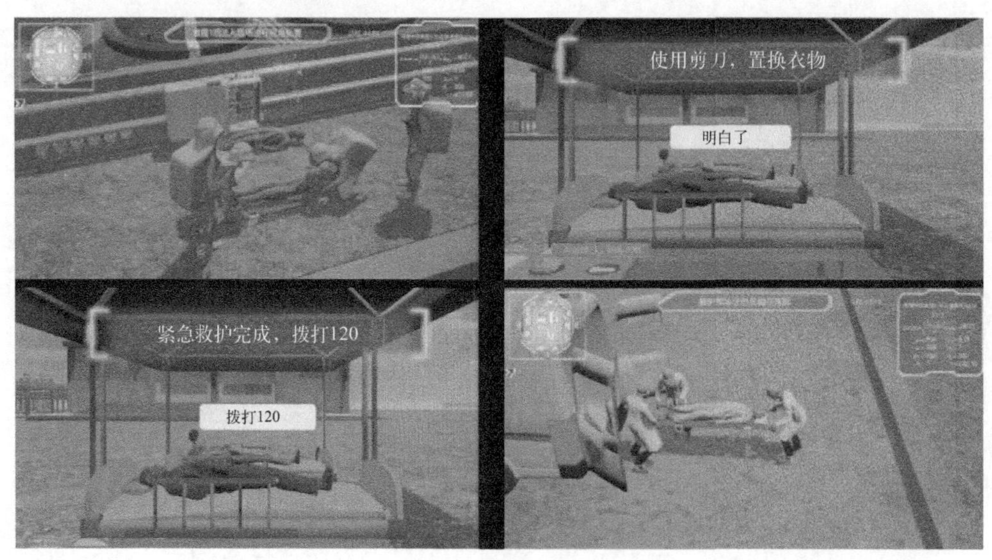

图 9-7 伤员紧急救护

g. 罐区关阀断源、输转倒罐。及时关闭其他动力电源，避免发生火灾或爆炸，立即对泄漏罐体进行输转倒罐（图 9-8）。

h. 现场勘测，建模定量评估风险。根据对泄漏口尺寸测量，结合液体经罐体泄漏模型，

图 9-8　关阀断源、输转倒罐

计算得出苯泄漏速率，从而定量评估风险大小和影响（图 9-9）。

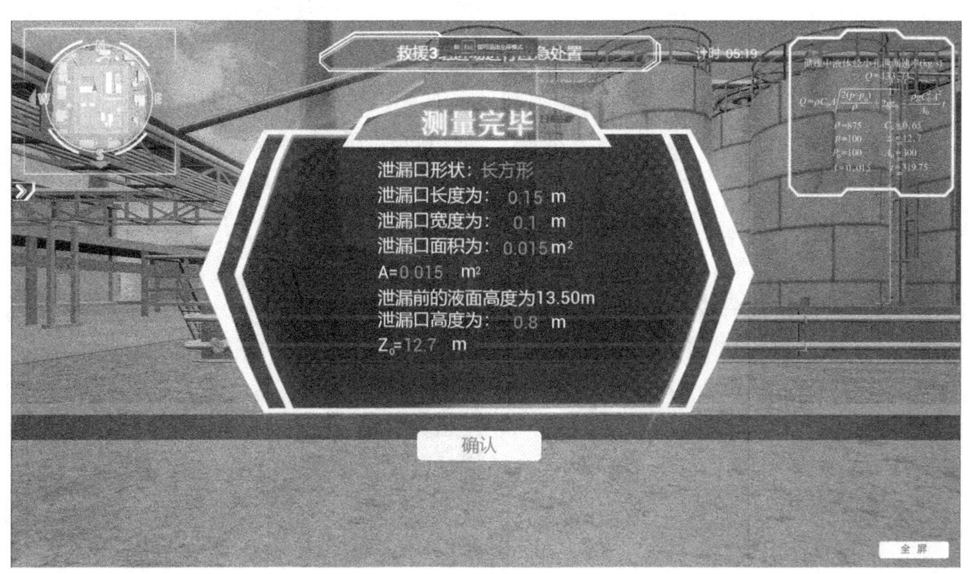

图 9-9　建模定量评估风险

i. 关闭围堰雨排口，稀释苯蒸气。立即关闭雨排口，防止泄漏出来的苯进一步通过明渠向厂区流淌，用喷雾状水稀释空气中苯，抑制扩散（图 9-10）。

j. 关闭厂区雨水总排口，控制罐区泄漏源。关闭厂区雨水总排口，防止苯进一步泄漏

图 9-10 关闭围堰雨排口，稀释苯蒸气

到海域，污染水体环境，通过持续输转倒罐控制泄漏（图 9-11）。

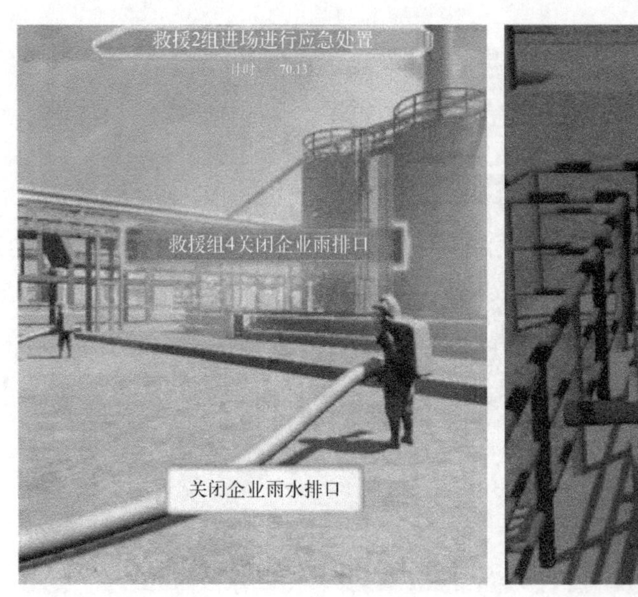

图 9-11 关闭厂区雨水总排口，控制罐区泄漏源

k. 环境参数监测，危废处置。环境监测组对厂界大气和水质实时监测，善后处置组围油栏处理污染海域，将现场危废集中收集处置（图 9-12）。

l. 应急演练效果评估，提出改进措施。应急响应结束，根据事故处理结果，进行复盘评估，选择事故处置结果对应的报告表，并针对存在的问题或不足提出改进措施，完成实验

图 9-12　环境参数监测，危废处置

报告（图 9-13、图 9-14）。

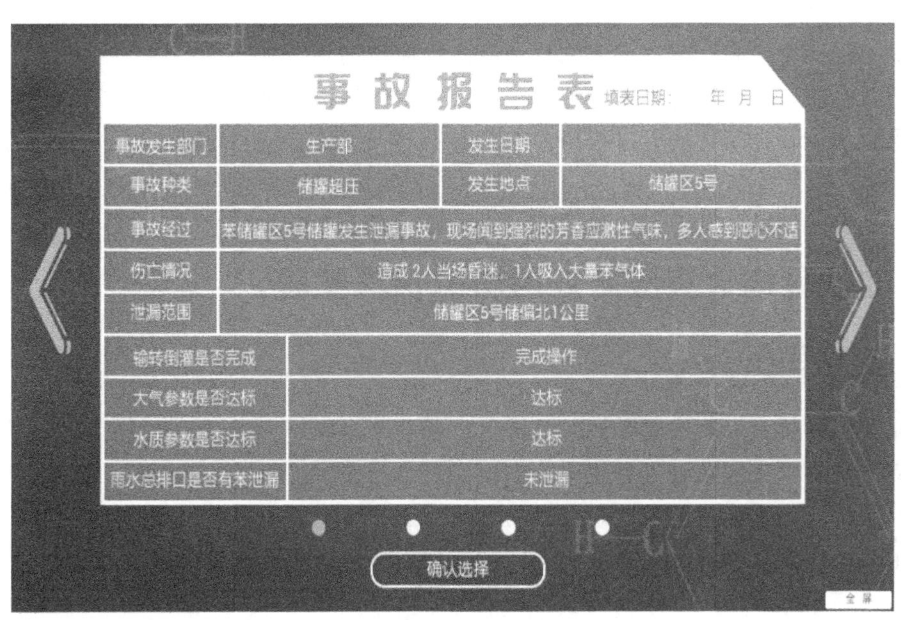

事故报告表　填表日期：　年　月　日

事故发生部门	生产部	发生日期	
事故种类	储罐超压	发生地点	储罐区5号
事故经过	苯储罐区5号储罐发生泄漏事故，现场闻到强烈的芳香应激性气味，多人感到恶心不适		
伤亡情况	造成2人当场昏迷，1人吸入大量苯气体		
泄漏范围	储罐区5号储偏北1公里		
输转倒灌是否完成	完成操作		
大气参数是否达标	达标		
水质参数是否达标	达标		
雨水总排口是否有苯泄漏	未泄漏		

图 9-13　事故报告表

实验结束以后，根据实验者在实验中所采取的各种步骤，按照相应的步骤分值进行赋分，对实验过程中所采取的不合理方式与行为及时进行反思与调整，做好记录。

确保实验顺利结束，关闭实验平台。

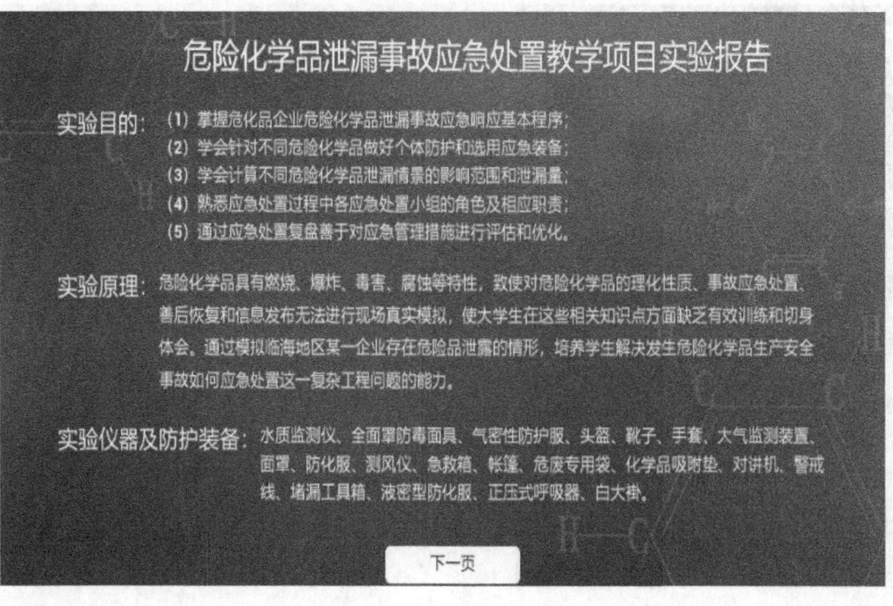

图 9-14　实验报告

9.1.5　思考题

① 简要说明生产安全事故等级划分和应急响应级别划分标准。

② 通过实验，试对应急处置过程中采取的应急管理措施进行分析，并提出优化措施。

③ 通过实验，试阐述实验过程中由于操作失误导致的问题，并提出针对性的改进与预防措施。

9.2　地铁隧道火灾应急处置虚拟仿真实验

9.2.1　实验目的

① 掌握地铁隧道发生火灾事故时的应急处置的基本程序。

② 熟悉隧道火灾应急处置过程中各小组的角色与职责。

③ 学会针对地铁隧道火灾制定合理的决策、选择合适的救援装备。

④ 通过火灾现场的应急处置和逃生疏散，提出改进措施和优化方案。

9.2.2　实验设备

计算机，ilab-x 虚拟仿真实验平台。

9.2.3　实验原理

本实验利用虚拟仿真技术手段，通过建立大量的地铁火灾模型，让公众掌握地铁火灾的应急处置方法，模拟在特定火灾事故发生的情况下，设计科学的应急救援程序，合理规划相应的应急救援角色，评估应急救援效果，从而使公众逐步建立起地铁火灾发生地点、不同应急救援模式的基本原则和工作要领，善于发现和优化现有应急预案存在的问题和不足。通过3D 建模、场景构建、虚拟仿真及人机交互等技术，突破时间和空间限制，模拟地铁隧道意外发生火灾时的紧急场景，通过图像、文字、音频、视频和虚拟交互等手段，让受训人员实时贴切地感受到地铁火灾现场的各种真实情景，身临其境地处置一场地铁隧道火灾事故，结合应急处置小组的不同角色进行应急决策和实践操作，掌握地铁站台火灾和隧道火灾应急处置组织机构及职责、应急响应基本程序（图 9-15）、应急物资与装备和应急处置措施等，从而提升地铁管理人员、专业救援人员和社会公众应对地铁火灾事故的应急处置能力，强化各岗位人员之间的合作，全面提高工作人员抵御火情的综合防范能力和公众自救互救意识，有效减少地铁火灾的伤亡和经济损失。同时也能为公众在地铁火灾环境下如何处置和逃生进行科普宣传和培训。

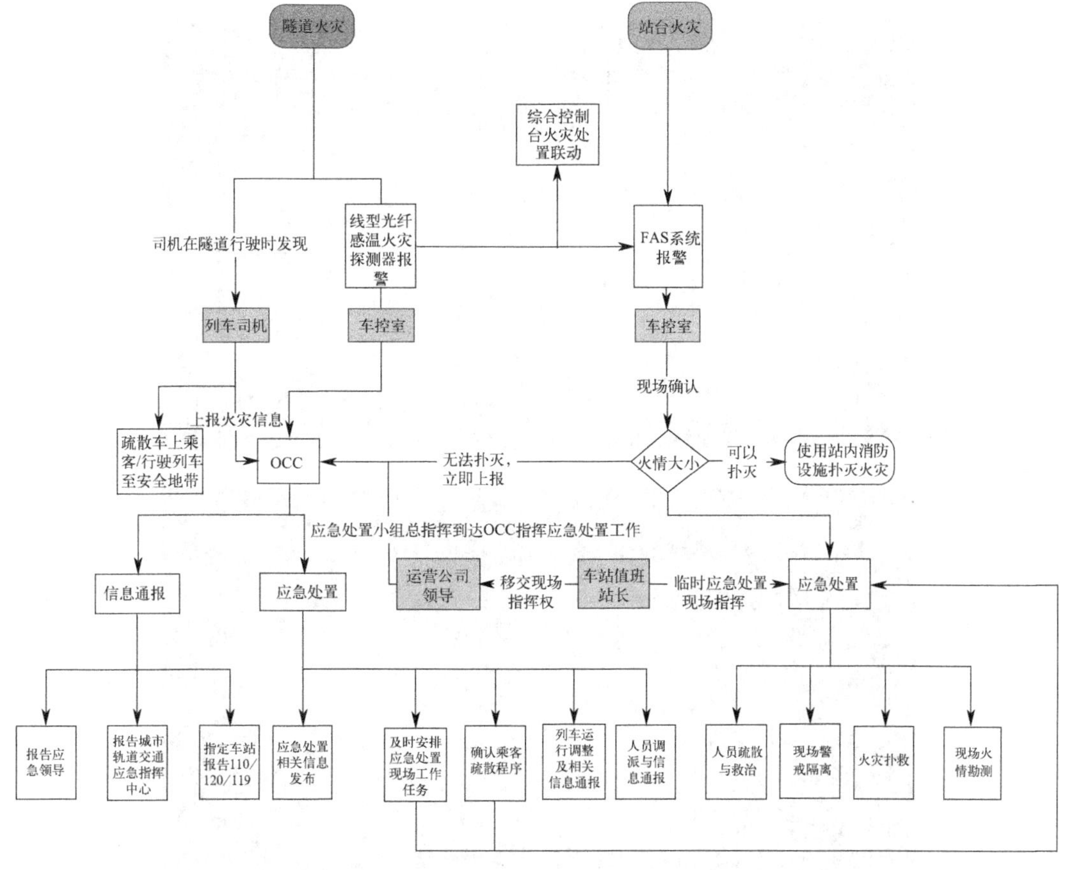

图 9-15　地铁隧道火灾应急响应基本程序

9.2.4　实验步骤

① 打开浏览器，进入对应网站并进行登录（图 9-16）。

② 进入实验。

图 9-16　进入仿真实验软件

a. 实验前知识准备。了解地铁系统相关名词解释、应急组织机构及其职责，掌握地铁隧道火灾应急预案关于应急处置流程的相关知识（图 9-17）。

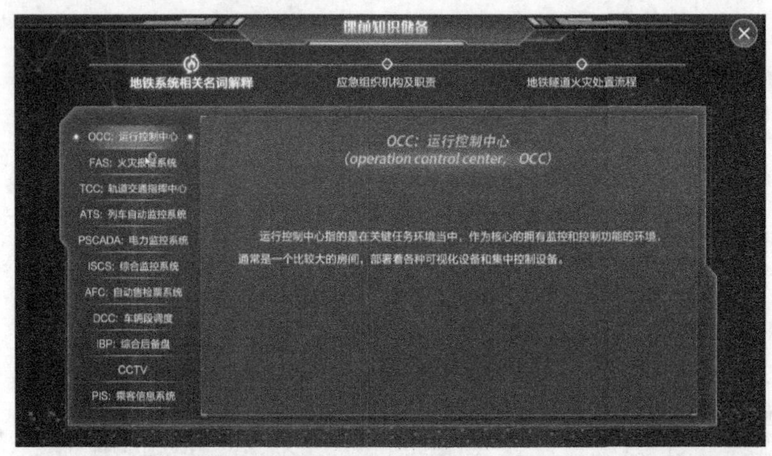

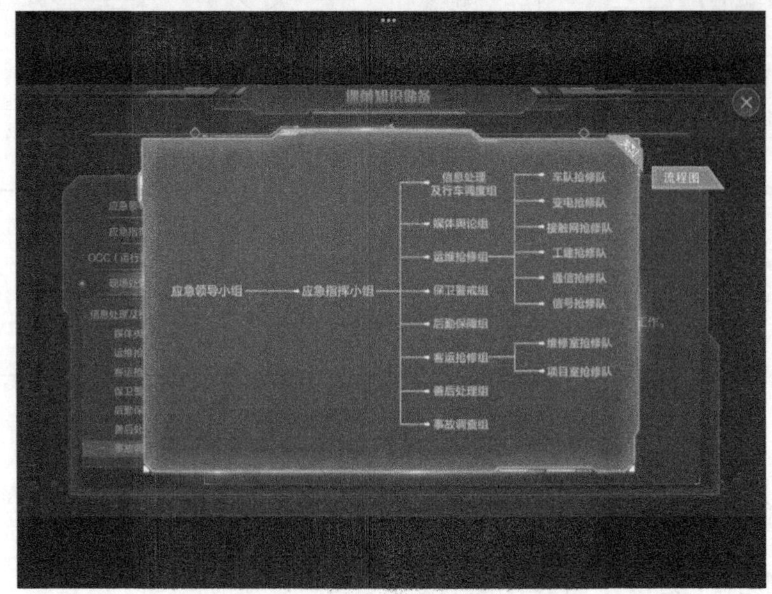

图 9-17　实验前知识准备

b. 发现火灾，进行灾情报告。掌握灾情报告要求，根据起火点的具体情况选择相应的汇报内容进行报告（图 9-18）。

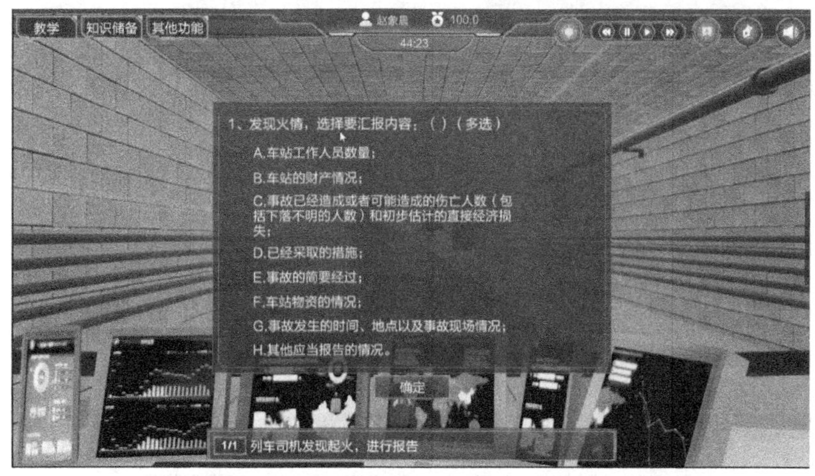

图 9-18　发现火灾，进行灾情报告

c. 车控室接报，启动应急响应。根据火警与现场反馈信息，做出对应措施，并及时进行接报，接报后及时检查 AFC 闸机、门禁、车站通风（环控），并发布广播（图 9-19）。

d. 控制调度中心（OCC）接报，启动应急响应。掌握各部门报告的要求，按正确顺序选择通知清单中的各个部门进行报告，并通知有关部门保质保量地完成自己的工作，做好准备，随时进行应急救援（图 9-20）。

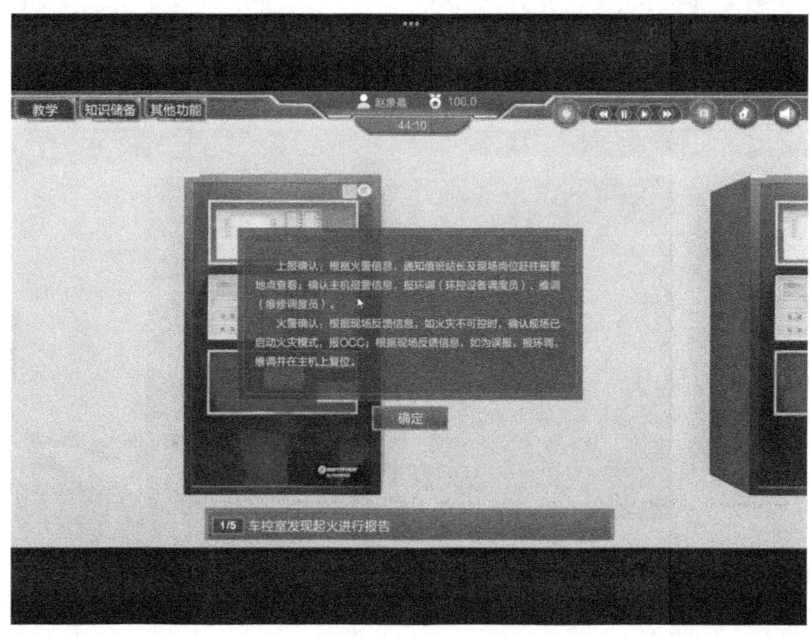

图 9-19

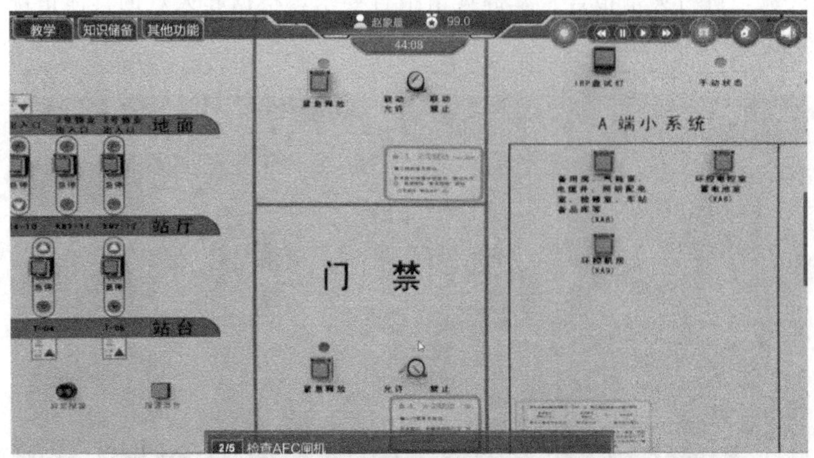

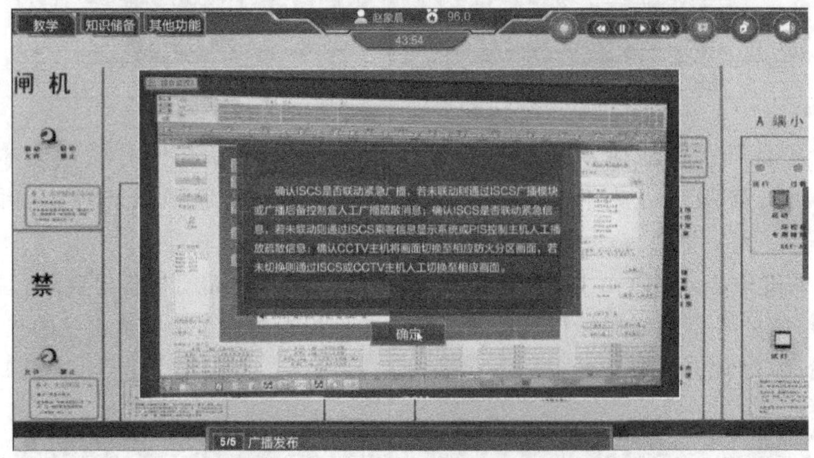

图 9-19　车控室接报，启动应急响应

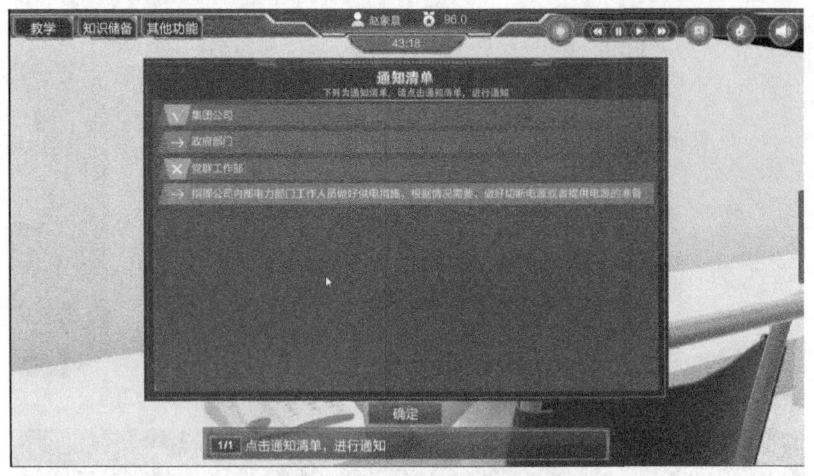

图 9-20　OCC 接报，启动应急响应

e. 疏散车上、站台乘客。充分利用地铁配有的各种即时通信设备向附近所有人员说明情况，引导疏散工作，使乘客们有序从安全出口的方向撤离（图 9-21）。

图 9-21　疏散车上、站台乘客

f. 值班站长接报，启动应急响应与应急预案。根据通知清单分别向 110、119、120 进行灾情报告，并在乘客疏散完毕以后，选择对应指挥方式启动应急预案（图 9-22）。

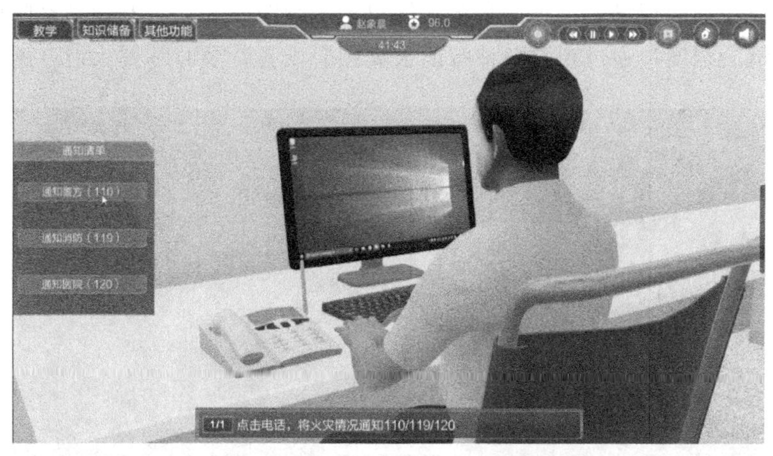

图 9-22　值班站长接报，启动应急响应与应急预案

g. 成立应急指挥小组和现场处置小组，按职责划分。明确各组织机构的组成及其职责，确定应急救援组织机构各应急小组的工作内容及职责，进行正确分配以及时应对现场状况（图 9-23）。

图 9-23　成立应急指挥小组和现场处置小组

h. 现场勘测，掌握火情现状。派出工作人员在地铁各个出入口查看烟雾的状况以及人员疏散状况，通过询问现场人员火情状况，做出初步判断，并配合专业勘察队伍，深入火场内部，查看火情的程度，通过观看各种智能火灾预警设备，及时掌握火情（图 9-24）。

图 9-24　现场勘测，掌握火情现状

i. 运行列车调度与人员疏散救援。通过地铁运行的预演图安排各地铁停靠在适宜的位置，回答相应问题，并做出与人员疏散救援相关的相应对策（图 9-25）。

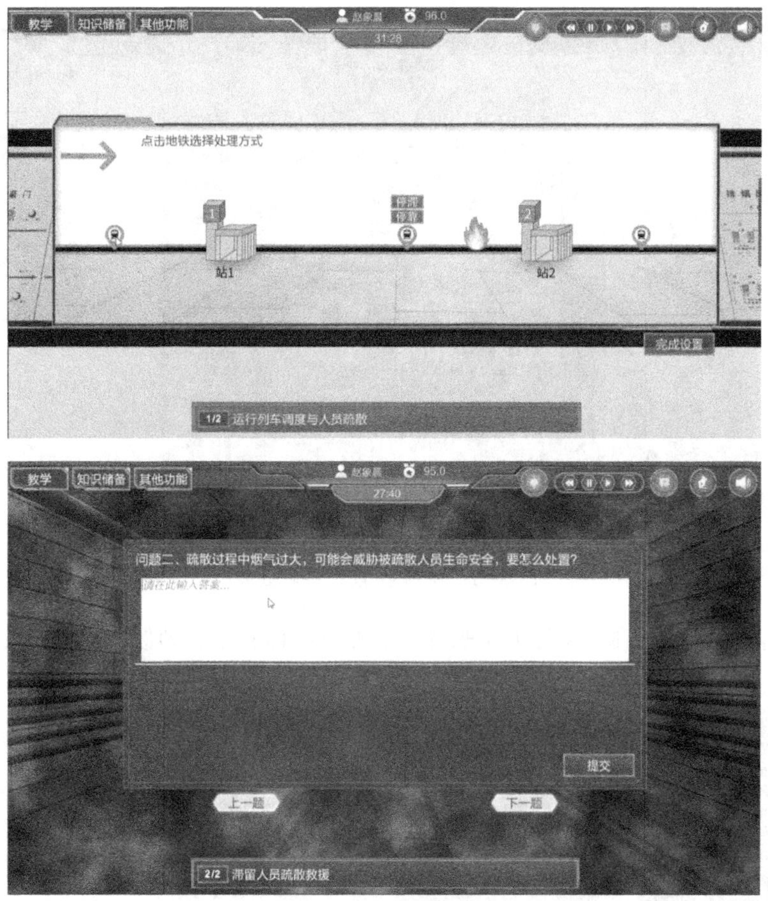

图 9-25　运行列车调度与人员疏散救援

j. 现场组织，现场警戒。与伤员救助相结合，设立警戒线等器材及工具，根据灭火行动预案的情况模拟，划定人员集结地点及救护地点（图 9-26）。

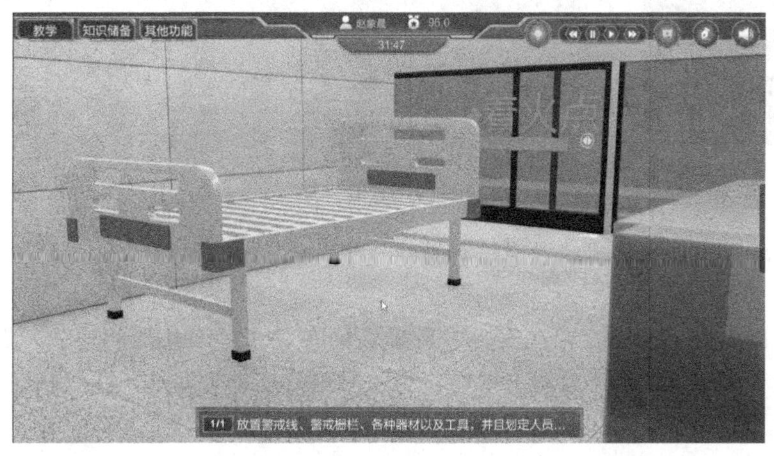

图 9-26　现场组织，现场警戒

k. 火灾扑救，善后处置。在个人装备库中选择正确必要的个人防护装备；在灭火装备库中选择正确和必要的灭火器材与通信器材（图 9-27）。

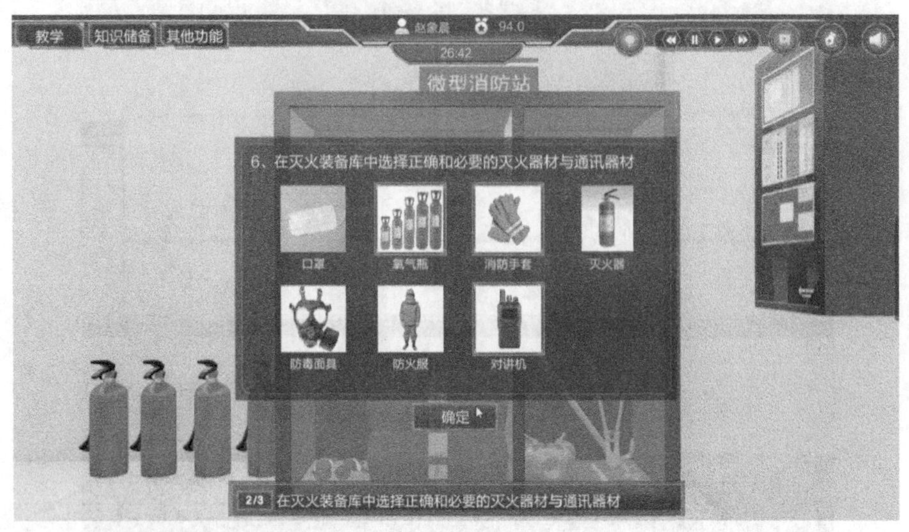

图 9-27　火灾扑救，善后处置

l. 后勤保障。明确后勤保障的工作职责，选择对应标签至后勤保障工作职责栏（图 9-28）。

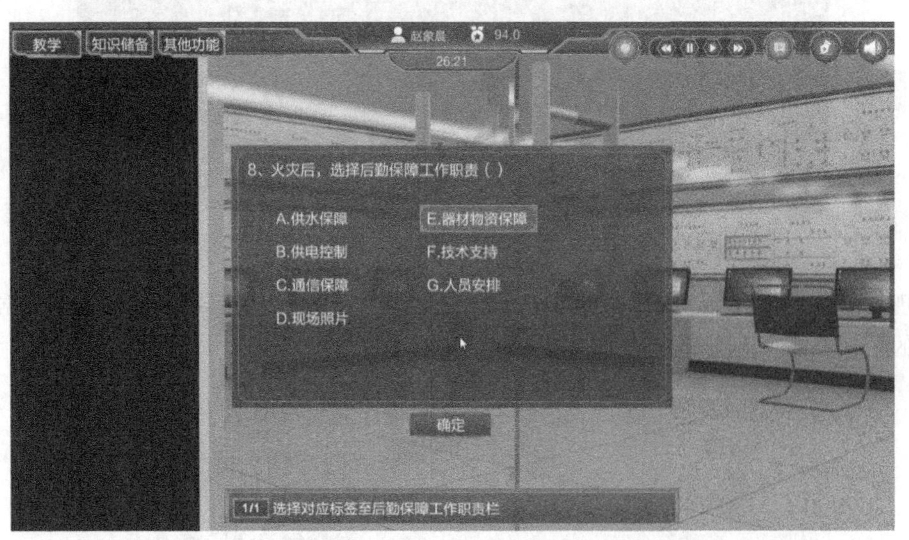

图 9-28　后勤保障

至此，实验结束，根据成绩及时进行总结反思，更充分了解应急处置时所应注意的细节（图 9-29）。

实验结束以后，根据实验者在实验中所采取的各种步骤，按照相应的步骤分值进行赋分，对实验过程中所采取的不合理方式与行为及时进行反思与调整，并做好记录。

确保实验顺利结束，关闭实验平台。

图 9-29　完成实验

9.2.5　思考题

① 在实验操作过程中对操作不当的步骤进行分析，并总结造成不当操作的原因，以及可能导致的结果。

② 通过实验，并结合地铁隧道火灾应急预案，试分析应急预案中存在的不足和改进措施。

参考文献

[1] 周世宁，林柏泉，沈斐敏．安全科学与工程导论[M]．徐州：中国矿业大学出版社，2005.
[2] 陆强，乔建江．安全工程专业实验指导教程[M]．上海：华东理工大学出版社，2014.
[3] 丁玉兰．人机工程学[M]．5 版．北京：北京理工大学出版社，2017.
[4] 王保国．安全人机工程学[M]．北京：机械工业出版社，2007.
[5] 阮宝湘．人机工程学课程设计//课程论文选编[M]．北京：机械工业出版社，2005.
[6] 邵辉．安全心理学[M]．北京：化学工业出版社，2004.
[7] 张乃禄．安全检测技术[M]．西安：西安电子科技大学出版社，2012.
[8] 杜欢永．职业病危害因素检测[M]．北京：煤炭工业出版社，2013.
[9] 施文．有毒有害气体检测仪器原理和应用[M]．北京：化学工业出版社，2004.
[10] 李兆华，胡细全，康群．环境工程实验指导[M]．武汉：中国地质大学出版社，2010.
[11] 中华人民共和国住房和城乡建设部．建筑照明设计标准(GB 50034—2013)[S]．北京：中国建筑工业出版社，2013.
[12] 安之和，孟超．作业环境空气检测技术[M]．北京：北京经济学院出版社，1990.
[13] 贺启环．环境噪声控制工程[M]．北京：清华大学出版社，2011.
[14] 盛美萍，王敏庆．噪声与振动控制技术基础[M]．北京：科学出版社，2007.
[15] 罗云．工业安全卫生基本数据手册[M]．北京：中国商业出版社，1997.
[16] 钮英建．电气安全工程[M]．北京：中国劳动社会保障出版社，2009.
[17] 瞿彩萍．电气安全事故分析及其防范[M]．北京：机械工业出版社，2007.
[18] 张小青．建筑防雷与接地技术[M]．北京：中国电力出版社，2009.
[19] 中华人民共和国国家标准防止静电事故通用导则(GB 12158—2006)．北京：中国标准出版社，2006.
[20] 李玉柱，苑明顺．流体力学[M]．北京：高等教育出版社，2000.
[21] 蒋军成，王志荣．工业特种设备安全[M]．北京：机械工业出版社，2012.
[22] 张乃禄．安全检测技术[M]．西安：西安电子科技大学出版社，2007.
[23] 陈海群，王凯全．安全检测与控制技术[M]．北京：中国石化出版社，2008.
[24] 梁书琴，陆愈实，梅甫定，等．安全工程实验指导书[M]．武汉：中国地质大学出版社，2013.
[25] 陈长坤．燃烧学[M]．北京：机械工业出版社，2013.
[26] 和丽秋．消防燃烧学[M]．北京：机械工业出版社，2014.
[27] 杨泗霖．防火与防爆[M]．北京：首都经济贸易大学出版社，2006.
[28] 欧育湘，李建军．材料阻燃性能测试方法[M]．北京：化学工业出版社，1997.
[29] 陈莹．工业防火与防爆[M]．北京：中国劳动出版社，1994.
[30] 蒋军成，张军，邵辉，等．化工安全[M]．北京：中国劳动社会保障出版社，2008.
[31] 魏伴云．火灾与爆炸灾害安全工程学[M]．武汉：中国地质大学出版社，2008.
[32] 邓奇根，高建良，魏建平．安全工程专业实验教程[M]．徐州：中国矿业大学出版社，2017.
[33] 霍然．建筑火灾安全工程导论[M]．合肥：中国科学技术大学出版社，1999.
[34] 王新泉．通风工程学[M]．北京：机械工业出版社，2014.
[35] 马中飞．工业通风与除尘[M]．北京：化学工业出版社，2007.
[36] 孙一坚．工业通风[M]．4 版．北京：中国建筑工业出版社，2010.
[37] 张国枢．通风安全学[M]．徐州：中国矿业大学出版社，2007.
[38] 刘清方，吴孟娴．锅炉压力容器安全[M]．北京：首都经济贸易大学出版社，2000.
[39] 江楠．锅炉压力容器安全技术及应用[M]．北京：中国石化出版社，2013.
[40] 沈斐敏．安全系统工程理论与应用[M]．北京：煤炭工业出版社，2001.
[41] 沈斐敏．安全评价[M]．徐州：中国矿业大学出版社，2009.